"十四五"职业教育国家规划教材

移动端 UI 设计

（第2版）

◎ 主　编　崔建成

◎ 副主编　张　琛　杨　利

电子工业出版社·

Publishing House of Electronics Industry

北京·BEIJING

内 容 简 介

本书较为全面地讲解了移动端 UI 的设计与制作。

全书共 7 章，包括初识移动端界面设计、色彩在移动界面中的应用、移动端界面设计要素、移动端界面版式设计、移动端界面图标与组件设计、界面的设计与制作、综合案例。本书结构合理、内容翔实、图文并茂，将艺术设计的知识与技巧融入其中，引导读者进行思考及操作实践，提升读者的审美能力，使之尽快成为具有先进设计思想和理念的平面设计技能型人才。

本书适合职业院校界面设计相关专业使用，也可作为界面设计初学者的入门参考书。

图书在版编目（CIP）数据

移动端 UI 设计 / 崔建成主编. — 2 版. —北京：电子工业出版社，2022.6

ISBN 978-7-121-43677-2

Ⅰ.①移… Ⅱ.①崔… Ⅲ.①移动终端—人机界面—程序设计—中等专业学校—教材 Ⅳ.①TN929.53

中国版本图书馆 CIP 数据核字（2022）第 095453 号

责任编辑：郑小燕

印　　刷：中煤（北京）印务有限公司
装　　订：中煤（北京）印务有限公司
出版发行：电子工业出版社
　　　　　北京市海淀区万寿路 173 信箱　邮编　100036
开　　本：880×1230　1/16　印张：9.25　字数：212.8 千字
版　　次：2018 年 6 月第 1 版
　　　　　2022 年 6 月第 2 版
印　　次：2025 年 2 月第 9 次印刷
定　　价：38.10 元

凡所购买电子工业出版社图书有缺损问题，请向购买书店调换。若书店售缺，请与本社发行部联系，联系及邮购电话：（010）88254888，88258888。

质量投诉请发邮件至 zlts@phei.com.cn，盗版侵权举报请发邮件至 dbqq@phei.com.cn。

本书咨询联系方式：（010）88254550，zhengxy@phei.com.cn。

前　言

　　随着我国信息技术与计算机技术的迅速发展，以及网络技术的突飞猛进，人机界面设计和开发已经成为国际计算机界和设计界最为活跃的研究方向。在经济飞速发展的同时，人们对文化的关注和需求也在不断增长。因此，丰富人们精神生活的文化创意产业就显得尤为重要。

　　纵观全球，界面设计发展迅速，前景良好。特别是移动端的界面设计，各类优秀作品层出不穷。近年来，我国的界面设计产业通过将本土特色与国际化相结合，不断趋于成熟。同时，界面设计产业的不断发展需要大批技术熟练、富于创意的优秀设计人才。

　　习近平总书记在党的二十大报告中指出"教育、科技、人才是全面建设社会主义现代化国家的基础性、战略性支撑。""教育是国之大计、党之大计。培养什么人、怎样培养人、为谁培养人是教育的根本问题。""深化教育领域综合改革，加强教材建设和管理，完善学校管理和教育评价体系，健全学校家庭社会育人机制。"作为学校应全面贯彻人才强国战略，培养造就大批德才兼备的高素质人才。

　　本书以移动端 UI 设计为切入点，从艺术创意设计与赏析角度，对国内外的界面设计进行分析。本书共 7 章，分别介绍了初识移动端界面设计、色彩在移动界面中的应用、移动端界面设计要素、移动端界面版式设计、移动端界面图标与组件设计、界面的设计与制作、综合案例。通过对本书的学习，读者能够表达与实现任何创意，能够熟练进行有创意的视觉设计，尽快成为具有先进设计思想和理念的平面设计技能型人才。希望书中的案例对喜欢界面设计的读者有所帮助。

　　书中所涉及的艺术形象及影视图像，仅供教学分析使用，版权归原作者及著作权人所有，在这里对他们表示感谢。

　　本书由崔建成担任主编，张琛、杨利担任副主编。由于编者水平有限，书中不足之处在所难免，希望广大读者提出意见和建议。

编　者

目 录

VII

第1章

初识移动端界面设计

本章将对移动端界面设计进行初步的阐述，包括移动端界面设计的概述、主流平台与设计规范，使读者较清晰地了解移动端界面的设计工作。

1.1 移动端界面设计概述

随着科技的发展，移动设备已经成为用户体验移动网络的重要媒介。软件的界面作为软件与用户交互的最直接的层面，界面设计的视觉呈现效果直接决定着用户对软件的第一印象。好的界面设计能够引导用户自己完成相应的操作，起到良好的向导作用。现代移动设备的便携性与轻便性，也决定着移动界面应具备自己的特点。

目前，移动终端设备主要包括手机、掌上电脑、笔记本电脑，以及各种特殊用途的移动设备，如车载电脑。图1-1～图1-3展示了不同移动端的界面设计。

图 1-1 华为 WATCH 3 界面设计

图 1-2　华为小精灵界面设计

图 1-3　车载电脑界面设计

　　移动端界面设计的核心问题之一就是让用户更好、更快地进行操作，便于使用。移动端具有便携性、计算能力有限性等特点，因此，移动端界面设计应该遵循易识别、易操作、降低用户认知负担的设计原则。

　　当然，移动端界面设计也不能一味地追求简易性，应该以用户为中心，注重用户的综合感受，让用户在感受便捷、高效的同时，也能用得舒适、舒心、满意（如图 1-4 和图 1-5 所示）。

图 1-4　易识别、易操作的界面　　　　　　图 1-5　趣味性界面

1.1.1 移动端界面设计的范畴

随着科技的进步与发展，信息化、智能化产品已经深入人们日常生活与工作的各个领域。"用户界面"（User Interface）这一概念也成为新兴的设计方向。用户界面通常是指屏幕上显示的软件界面。移动端用户界面则是指使用者和可移动的信息或智能产品沟通时的媒介，是用户与产品交互的最直接层面。以手机为例，用户界面包括手机平台界面、各类 App 程序界面。

在整个移动产品的开发过程中，界面设计关系到产品呈现和用户感受。以 App 的开发过程为例，界面设计位于交互设计与前端编程之间，其工作内容主要是将前期的交互设计框架转化成可视化的页面内容，并且能够在设备上使用与实现。具体而言，移动终端的设计是由团队共同完成的。其中，用户体验研究师，主要是通过各种方法了解用户现在需要什么样的体验、需要什么样的界面，从而对整个项目的总体性体验做出决策；交互设计师，负责整个项目的交互流程，探索满足需求的各种解决方案（包括任务流及页面交互），输出一个确认版的线框图，以及交互说明文档；界面设计师（Graphic UI designer），负责根据品牌形象及用户定位设计界面，不仅包括对于文字图形、色彩搭配、版式构成、动画效果等视觉元素的美学设计，还包括将数据、导航、页面框架等内容的视觉化，以用户最容易理解的方式表现和规划，引导用户交互行为，完成预想目标；前端设计师，通过代码保证产品功能最终实现，为设计提供有力保障。由此可见，在具体的工作中，界面设计师必须具备相应的平面设计能力、软件操作能力、逻辑分析能力。App 开发流程简图如图 1-6 所示。

003

图 1-6　App 开发流程简图

1.1.2 移动端界面设计的原则

设计原则是对相关设计的指导与限定。在移动端界面设计中，主要包括交互原则、视觉设计原则、格式塔心理学原理等。

（1）交互原则，主要包括以用户为中心原则和尼尔森可用性原则。以用户为中心的设计强调"设计一个有效的界面，都必须始于分析一个人想要做什么，而不是关于屏幕应该显示什么的观念"。尼尔森提出的可用性原则是对界面设计提出了具体的要求，其内容包括：系统可见性原则、系统与真实世界匹配、用户控制度和自由度、一致性和标准化、防错措施、减少记忆负担、灵活高效的使用、美观而简约的设计、帮助用户识别诊断和恢复、提供人性化帮助等。

（2）视觉设计原则，主要包括色彩搭配、图形语义等方面的基本规律。

对于移动端界面的设计，特别是手机交互界面的设计，既要考虑手机的移动性和便携性，同时要考虑手机界面的局限性，用户使用手机时空间的限制。由于手机用户在同一界面浏览的时间不会太久，所以界面设计要体现简洁、易理解、使用户一目了然、提高操作效率的设计原则。对于用户常用的几个操作界面，要尽量简化，使用户操作更加方便快捷，并遵循易用性、易理解性、高效、人性化、情感化的设计原则。在设计时要注意以下 7 点。

① 视觉效果很重要。任何一个设计都需要考虑视觉效果，人们大多喜欢美的东西，愿意在安静中享受这种美的感觉，视觉化元素就要体现出美的东西，因此，许多移动端都会添加动画功能，或者一种情感交互功能，目的是在视觉上体现出不同画面感和兴趣点，提高关注度。

② 以简洁为主。页面内容过于复杂，会消耗掉用户等待网站加载的耐心，导航栏要简短清晰，能够快速地指引用户浏览网站的深层信息。对于网站内容来说，简洁、突出重点即可（如图 1-7 所示）。

③ 避免使用弹出窗口。无论是出于方便用户联系网站客服，还是投放广告的目的，都要尽可能避免弹出窗口的应用。添加的这些窗口，必然会影响用户体验，阻碍用户浏览网站的视线，进而占用用户流量，甚至会因引起用户反感而导致用户放弃对网站的继续访问。

④ 手机网站图片要适配设置。从手机端浏览网站毕竟不如 PC 端灵活自如，虽然网站设计技术可以解决网站适应屏幕的问题，但为了使用户查看的网页图片更加清晰，可采用整站缩放的模式（如图 1-8 所示），而不是对单张图片缩放的模式。

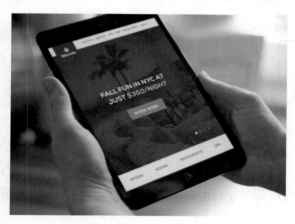

图 1-7　简洁明了的操作界面

图 1-8　整站缩放的模式

⑤ 网站操作简单化。对于新页面的打开方式，最好采用当前页面显示的方式来设计，以免因打开新窗口造成网站资源占用的负担。设置让用户快速找到页面出口进行跳转，可避免不断进行返回操作。

⑥ 设置交互式的互动行为。用户都喜欢在移动客户端进行留言、分享内容等。现在比较流行的微信公众号，往往一篇帖子都会有几千人的浏览、点赞或者分享，粉丝喜欢这种参与

行为。

⑦ 登录界面的人性化。不管什么样的软件，登录界面都要有自己的特色。让用户等待是一个糟糕的行为。因此，在用户等待过程中，出现一些特殊的界面，让用户在看界面时慢慢忘记等待的时间，这样用户不仅不会反感，反而因为这种界面的出现愿意等待一会儿。

（3）格式塔心理学原理，主要包括接近性原则、相似原则、连续原则、封闭原则、对称原则、主体与背景原则、共同命运原则，对界面版式布局和信息组织起指导作用。

1.2 主流平台与设计规范

通过前面的内容，可以了解到移动端界面设计不仅仅是艺术上的实现，还需要基于设备和现有技术去实现。了解设计规范能在设计前期避免一些不必要的错误，极大地提高工作效率和规范程度。下面，分别从 iOS、Android 两大操作系统来了解移动设备界面设计的规范。

首先明确两个移动端界面设计中常用的概念。

（1）分辨率。分辨率通常是指屏幕纵横方向上的像素数。例如，分辨率 750×1334 的意思是指水平方向有 750 像素，垂直方向有 1334 像素。在屏幕尺寸相同的情况下，分辨率越高，显示效果就越细腻。

（2）倍率。在界面设计中通常是指物理像素与逻辑像素的比值，在具体设计中是为了适应不同型号的产品的分辨率、提升界面设计效率而采用的概念。

1.2.1 iOS 与基本设计规范

iOS 是由苹果公司开发的移动操作系统，iOS 与苹果的 Mac OS X 操作系统一样，都属于类 Unix 的商业操作系统。

系统规范或平台规范是涉及系统语言、尺度尺寸、系统模型等软件和硬件的要求。以目前常见的苹果手机为例，iOS 机型常见分辨率如表 1-1 所示、iOS App 文字设计规范如表 1-2 所示。

表 1-1 iOS 机型常见分辨率

机型	常见分辨率（像素）	倍率	@1x 宽度
iPhone 6/7/8	750×1334	@2x	375
iPhone X/11Pro	1125×2436	@3x	

机型	常见分辨率（像素）	倍率	@1x 宽度
iPhone 6p/7p/8p	1242×2208	@3x	414
iPhone 11	828×1792	@2x	
iPhone 11 Pro Max	1242×2688	@3x	
iPhone 12	1170×2532	@3x	390

表 1-2　iOS App 文字设计规范

规范	iOS
英文字体	SF
中文字体	苹方
大标题字号	18～26
标题字号	16～18
正文字号	12～16
较小字号	12～14
最小字号	10

1.2.2　Android 与基本设计规范

　　Android 是一种基于 Linux 内核的自由及开放源代码的操作系统。第一部 Android 智能手机发布于 2008 年 10 月，此后，Android 逐渐扩展到平板电脑及其他领域，如电视、数码相机、游戏机、智能手表等。以目前常见的 Android 主流手机为例，其常见分辨率如表 1-3 所示，Android App 文字设计规范如表 1-4 所示，Android 微信标题类型如图 1-9 所示。

表 1-3　Android 主流手机常见分辨率

常见分辨率（像素）	倍率
640×360	@1x
1280×720	@2x
1920×1080	@3x
2560×1440	@4x

表 1-4　Android App 文字设计规范

规范	Android
英文字体	Roboto
中文字体	思源黑体/冬青黑/方正兰亭黑
大标题字号	18～26
标题字号	16～18

续表

规范	Android
正文字号	12～16
较小字号	12～14
最小字号	10

大标题

标题

正文字

较小字

最小字

图 1-9　Android 微信标题类型

除了上述两个操作系统，现在的移动端操作系统还有鸿蒙（华为）、Windows Phone（微软）等。

华为在 2019 年 8 月 9 日于东莞举行华为开发者大会，正式发布操作系统鸿蒙 OS。鸿蒙 OS 是华为基于开源项目 OpenHarmony 开发的面向多种全场景智能设备的商用版本。2021 年 6 月 2 日晚，华为正式发布鸿蒙 OS 2 及多款搭载鸿蒙 OS 2 的新产品。同年 7 月 29 日，华为 Sound X 音箱发布，是首款搭载鸿蒙 OS 2 的智能音箱。

1.2.3　移动端界面设计优秀案例

如图 1-10 所示，国际版微信界面延续微信经典的白、黑、绿色块。个人信息界面内容丰富但不凌乱，操作简便且让用户一目了然。

如图 1-11 所示是一个智能家居控制 App 界面，用户易于操作，浏览体验非常好，颜色纯度的对比突出重点，颜色大胆但看起来非常和谐。

如图 1-12 所示是一款迎新生小程序页面，可以通过扫描二维码观看视频了解小程序的功能与交互方式。

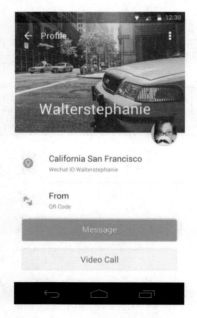

图 1-10　国际版微信界面

图 1-11　智能家居控制 App 界面

迎新生小程序的
功能与交互方式
请扫描二维码

图 1-12　迎新生小程序页面

 ## 研讨类课题

1．研讨类课题（1）

心理学家唐纳德·A·诺曼（Donald Arthur Norman）提出"以用户为中心"的设计原则。UCD 是一种设计模式、设计思维，强调在产品设计过程中，从用户角度出发进行设计，考虑用户优先。唐纳德·A·诺曼在他的设计心理学著作中反复陈述的观点之一就是：设计一个有效的界面，不论是计算机或门把手，都必须始于分析一个人想要做什么，而不是关于屏幕应该显示什么的隐喻或者观念。

请通过对"用户为中心"的研究性学习，思考为什么人们要了解用户的思维、习惯、喜好，好的界面设计的重要特征，以及界面设计的从业责任与意义。

2. 研讨类课题（2）

2021 年 6 月 2 日晚上八时，华为正式举行了华为鸿蒙系统发布会，并且在华为鸿蒙系统发布会上，发布了全新升级的鸿蒙操作系统鸿蒙 OS 2。

在华为鸿蒙系统发布会上介绍了鸿蒙系统是能够在多种设备上运行的分布式系统。无论设备大小，只要有一个系统，就能够做到"一生万物，万物归一"。

请通过对鸿蒙的了解，明确鸿蒙系统的特点，思考移动终端 UI 设计未来的发展愿景，了解华为鸿蒙系统的意义，提升信息时代核心技术、自主研发的意识。

 设计思考

目前的移动端界面有哪些？它们的不同之处是什么？

第2章

色彩在移动界面中的应用

针对界面设计，设计者往往需要遵循"总体协调、局部对比"的基本原则。而正是因为色彩所特有的情感属性，使产品本身脱颖而出，所以色彩成了 App 界面中不可或缺的视觉因素，而良好的色彩组合是产品本身的利器。用户通过色彩来了解产品，同时色彩也影响着用户的情绪。合理选择色彩和协调划分色彩区域，更能突出重点，使用户第一时间合理使用产品。

通过普通配色，人们似乎很难看到模块的"意义"。用户在使用过程中，很难找到"切入点"，更谈不上色彩是否融入主题环境。在众多文本内容中，采用图和形突出重点，可以形成导向性的使用模式。在满足导向的同时，"导航"逐渐开始起到关键作用，而导航按钮与整体界面色调的基本统一，又使色彩具有了一定的象征意义。抛开软件本身的功能性，倘若颜色从产品的本身分离出来，将色彩与软件本身反向融合，将其创意概念用色彩充实或者暗示，而带给用户以全新的记忆点，更能增加用户习惯性的"依赖"使用，迎合用户心理使用需求。

显然，现阶段众多 App 默认背景色彩为中性色调或者浅色调。因此，需选择最能体现软件本身主题的色彩作为整个界面的主色调。虽然主色调的选择是建立在整体界面环境上的，但将背景色设置为浅色调或纯色会更让人感觉清新、柔和。这样不但便于整个界面的配色，亦能凸显移动界面的重点，从而让主流用户轻松识别最直接的信息点。在辅助色的色彩运用上，应达到相对的平衡感，即用色彩设计的三项最基本的原理：和谐与协调、对比与互补及冷暖色均衡。稳定的界面色彩更能让用户需求得以满足，增加亲切感的同时使其保持一定的使用频率。

当然，界面的色彩设计还需结合界面中元素的色调和面积的大小，达到总体和局部的良好诠释。界面设计不同于网站设计，其不需要太多的板块和外部组件及颜色。界面设计往往优先考虑内容的充实度，以板块诠释几乎全部的"信息点"。界面设计由于版面大小的局限，在设计中，必须首先确定菜单的导航、植入的广告区域和基本空间元素及这三点所占的区域面积，再考虑"信息点"的介入方式及文字量。

针对色彩"不确定元素"的属性，移动 App 中用户自主化的多元化色彩选择成了新的切

入点。关于这点，在现阶段较为流行的众多移动化通信工具中得到较广泛的普及。根据环境的不确定性，移动设备在不同光源和动静状态下，所需的较为合适的色彩值亦不同。对于暗环境，视线频繁在显示屏与环境这两种亮度对比强烈的界面中移动，很容易造成用户的视觉疲劳，从而影响用户的身心健康。因此，在夜晚或昏暗环境中，移动 App 的界面应以暗色彩为主色。反之，在相对明亮的环境中，使用令用户兴奋的亮色调，更能刺激使用需求。因此，针对用户自身使用环境变换而设计的"皮肤"切换功能，是移动 App 产品设计工作中不容忽视的内容。

2.1 终端显示色彩基本知识

色彩具备三个基本的重要性质：色相、明度、纯度，一般称为色彩三要素或色彩三属性。

1. 色相（Hue）

色相（Hue，简称 H）又叫色调，是区分色彩的名称，也就是色彩的名字，就如同人的姓名一般，用来辨别不同的色彩。

2. 明度（Value）

光线强时，感觉比较亮，光线弱时感觉比较暗，色彩的明暗强度就是所谓的明度（Value 简称 V），明度高是指色彩较明亮，而明度低，就是指色彩较灰暗。

3. 纯度（Chroma）

纯度（Chroma，简称 C）又叫彩度，通常以某彩色的纯度所占的比例来分辨彩度的高低，纯色比例高为彩度高，纯色比例低为彩度低。在色彩鲜艳的状况下，通常很容易感觉高彩度，但有时不易做出正确的判断，因为容易受到明度的影响。譬如，人们最容易误会的是，黑白灰是属于无彩度的，它们只有明度。

移动终端屏幕的颜色属于色光混色。在屏幕内侧均匀分布着红色（RED）、绿色（GREEN）、蓝色（BLUE）的荧光粒子，这三种颜色也是色光三原色。如图 2-1 所示为 RGB 色彩模式，当接通电源时屏幕发光，并通过三原色的混合将所有的颜色呈现出来。也就是说显示器中的所有颜色都是通过红色（RED）、绿色（GREEN）、蓝色（BLUE）三原色混合而来的，显示器的这种颜色显示方式被称为 RGB 色系或颜色空间。

色彩在移动界面中的应用 第2章

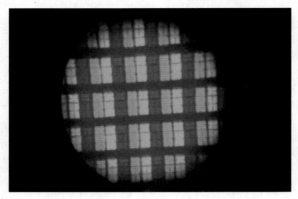

图 2-1　RGB 色彩模式

同时，屏幕性能与显示终端的不同也会导致其所显示的颜色数量、颜色效果不尽相同。由此就诞生了网页安全色的概念。网页安全色是各种浏览器及设备可以无损失、无偏差输出的色彩集合。在设计界面的时候应该尽量使用网页安全色，这样不会出现用户看到的效果与设计构想差异太大的情况，从而避免出现严重的偏色。

2.2　色彩的组成

1. 基本色

一个色相环通常包括 12 种明显不同的颜色，如图 2-2 所示。如果细分的话色相环还可以划分为 24 色，如图 2-3 所示。

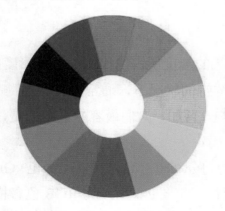

图 2-2　12 色色相环

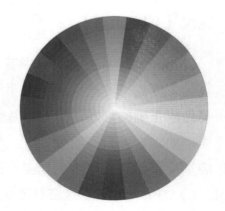

图 2-3　24 色色相环

2. 三原色

从定义上讲，三原色是能够按照一定比例合成其他任何一种颜色的基色。红、黄、蓝三原色也可以构成界面色彩，因为三原色纯度都比较高，所以视觉效果会很强烈。如图2-4所示为由三原色组成的界面。

3. 近似色

近似色是指色相环中相近的颜色。例如，红色与橙红或紫红相近，黄色与草绿色或橙黄色相近等。如果以橙色为基础，选择它的两种近似色时，就应该选择红色和黄色。用近似色可以实现色彩的融合。如图2-5所示为由近似色组成的界面。

图2-4　由三原色组成的界面　　　　　图2-5　由近似色组成的界面

4. 补色

补色是在色环中的位置直接相对的颜色，也就是图2-2中经过圆心的直线所连接的两种颜色。若要使色彩对比强烈突出，则可以选择对比色。对于一幅柠檬图片，使用蓝色作为背景将使柠檬更加突出。如图2-6所示为由补色组成的界面。

5. 暖色

暖色由红色调组成，如红色、橙色和黄色，表现温暖、舒适和活力，会产生一种色彩向浏览者移动并从页面中突出来的可视化效果。如图2-7所示为由暖色组成的界面。

图2-6　由补色组成的界面　　　　　图2-7　由暖色组成的界面

6. 冷色

冷色来自蓝色调，如蓝色、青色和绿色。这些颜色将使色彩主题产生让浏览者冷静的效果，看起来有一种从浏览者身上收回来的效果，因此，被用作页面的背景色比较好。需要说明的是，在不同的书中，这些颜色组合有不同的名称。但是如果能够理解这些基本原则，对界面设计是十分有益的。如图 2-8 所示为由冷色组成的界面。

图 2-8　由冷色组成的界面

2.3　色彩的对比

谈到色彩的对比，往往会给人一种误解就是色彩色相的巨大差异，如红绿的对比，其实则不然。首先，这里的对比是指不同色彩之间的差异，有的色彩间差异较小，对比较弱，如紫色与紫红色；有的色彩间差异明显，对比较强，如红色与绿色。其次，色彩的对比不仅仅局限于色相之间的差异。通常当两种以上的色彩，以空间或时间关系相比较，也会表现出明显的差别，并产生比较作用，被称为色彩的对比。

从色彩的对比属性看，其大致可分为色相对比、明度对比、纯度对比、冷暖对比、面积对比。

2.3.1 色相对比

色相的对比是指两个或两个以上不同色相的色彩放在一起时所产生的色相差别，这种差别使色彩倾向趋于明显。当界面的主色相确定后，必须考虑其他色彩与主色相是什么关系，要表现什么内容及效果等，这样才能增强其表现力。

同类色的对比较为柔和，补色之间的对比则较为强烈。例如，将橙色放在红色或黄色上，会发现在红色上的橙色会有偏黄的感觉，因为橙色是由红色和黄色调和而得，当它和红色并列时，相同的成分被调和而相异部分被增强，所以看起来偏黄，其他色彩相比较时也会有这种现象。除了色感偏移，对比的两色，有时会发生色渗的现象，而影响相隔界线的视觉效果，当对比的两色具有相同的纯度和明度时，对比的效果就显得柔和；当对比的两色越接近补色时，对比效果越强烈，如图2-9和图2-10所示。

图 2-9　色相对比柔和

图 2-10　色相对比强烈

2.3.2 明度对比

色彩间明度差别的大小，决定了明度对比的强弱。例如，柠檬黄的明度高，蓝紫色的明度低，橙色和绿色属中明度，红色与蓝色属中低明度。明度对比较强时可以产生光感，色彩的清晰度高；明度对比较弱时，给人一种不明朗、模糊的感觉，有一种生硬感。

将相同的色彩放在黑色和白色上，会发现放在黑色上的色彩感觉比较亮（如图 2-11 所示），放在白色上的色彩感觉比较暗，明暗的对比效果非常强烈。如图 2-12 所示，界面主要采用黄色与红色，通过改变两种颜色的明度、纯度及使用面积，实现了界面的变化与统一。主要色调的黄色在页面中使用面积最大，从中可以看到，虽然它的明度非常高，但也使得饱和度降低，所以黄色在页面中扮演不明显的角色；而红色使用面积虽小，但纯度高，且在页面中较为显眼，因此处于次级导航位置，整个页面主次视觉引导分明。

图 2-11　黑底上的橙色线条　　　　　　　　图 2-12　CCTV 官网页面

2.3.3　纯度对比

　　一种颜色与另一种更鲜艳的颜色相对比时，会感觉不太鲜明，但与不鲜艳的颜色相对比时，则会显得鲜明，这种色彩的对比便称为纯度对比。纯度对比对画面风格影响很大，高纯度的色彩对比会给人一种华贵、活跃、强烈的感觉；而低纯度的色彩对比会给人雅致、庄重、含蓄的感觉。如图 2-13 所示，中间的色块比左边色块纯度高，同时又比右边色块纯度低。运用纯度对比的界面设计如图 2-14 所示。

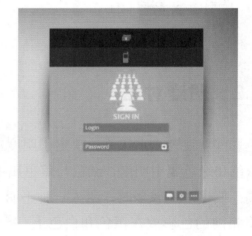

图 2-13　色块的纯度对比　　　　　　　图 2-14　运用纯度对比的界面设计

2.3.4　补色对比

　　色相环中直径两端的色彩互为补色，一种色彩只有一种补色。补色混合后将会产生中性灰。将红与绿、黄与紫、蓝与橙等具有补色关系的色彩彼此并置，可使色彩感觉更为鲜明，纯度增加，这被称为补色对比。运用补色对比的界面设计如图 2-15 所示。

图 2-15　运用补色对比的界面设计

2.3.5　冷暖对比

由色彩感觉的冷暖差别而形成的色彩对比，称为冷暖对比。（红、橙、黄使人感觉温暖；蓝、蓝绿、蓝紫使人感觉寒冷；绿与紫给人的感觉介于前面二者之间），另外，色彩的冷暖对比还受明度与纯度的影响：白光反射率高，有寒冷感，黑色吸收率高，有温暖感。

其实，色彩的冷暖主要来自人的心理感受，具体的与色彩的纯度、明度有关。高纯度的冷色显得更冷，高纯度的暖色显得更暖。在无彩色的黑、白、灰中，白色为冷色，黑色为暖色。运用冷暖对比的界面设计如图 2-16 所示。

图 2-16　运用冷暖对比的界面设计

2.3.6　面积对比

面积对比是指两个或更多个色块的相对色域的多与少、大与小的对比。色彩面积的大小对比在色彩构成中是十分重要的，能直接影响人们的心理感受，小面积的大红色给人兴奋感，而大面积的大红色，很容易造成视觉疲劳，给人刺激与烦躁感。

在一般情况下，色彩的面积越大，其纯度、明度越高；反之，面积越小，其纯度、明度越低。当色彩的面积越大时，亮的色彩就会显得更轻，暗的色彩显得更重，这就是人们常说的色彩的面积效应，色彩的面积对比如图 2-17 所示。

图 2-17　色彩的面积对比

2.4　色彩的调和

　　色彩的对比可以给人一种强烈的视觉冲击，这是一种美，但有时候更需要表现一种协调、统一、柔和的效果，此时就会运用色彩的调和。所谓色彩的调和，是指几种色彩之间构成的较为和谐的色彩关系，即画面中色彩的秩序关系和量比关系。两种或多种以上的色彩进行合理搭配，就会产生统一和谐的效果，在视觉上会符合审美的心理需求。"和谐"一词源于希腊，其本意在美学中为联系、匀称。"美是和谐"由古希腊思想家毕达哥拉斯提出，主要表现对立的统一。出于各种不同的美学观点，和谐在近、现代扩展了它的含义。至于色彩和谐，也从单纯愉悦人的眼睛扩大到对人的精神的影响。

　　人的眼睛在接受光色刺激时，只有中性灰不会产生视觉残像，因此可以认为中性灰与人的视觉机能是和谐的，它达到了视觉完全平衡的状态。但人的色彩感知却不喜欢那种大面积的纯灰色所带来的感觉。人的色彩视觉正是在无限丰富的色彩对比中，感受不同色彩本质的刺激，并在多种刺激中使视觉变得活跃、生动、鲜明和充实。由此可见，色彩和谐的核心就是对立色彩的统一。

　　调和就是统一，下面主要介绍四种常用的使界面色彩达到调和的方法。

2.4.1　同类色的调和

　　相同色相、不同明度和纯度的色彩调和，使页面产生有秩序的渐进，在明度、纯度的变化上，弥补同种色相的单调感。如图 2-18 所示，该页面使用了同种色的黄色系，分别为深黄、淡黄、柠檬黄、中黄，通过明度与纯度的微妙变化产生了节奏缓和的美感。

通常，同类色搭配称为最稳妥的色彩搭配方法，给人的感觉是协调的。它们通常在同一个色相里，通过明度的黑白灰或者纯度的不同来稍微加以区别，可以产生极其微妙的韵律美。为了不至于让整个界面过于单调，有些界面则会加入其他颜色做点缀。

2.4.2 近似色的调和

在色相环中，色相越靠近越调和，这主要由近似色之间的共同色发挥作用。

类似色相较于同类色色彩之间的可搭配度要大些，颜色丰富且富于变化。如图 2-19 所示的界面主要采用的是色相环中的绿色和蓝色，通过改变颜色在明度、纯度及面积上的不同，实现变化和统一。虽然主色调的蓝色渐变在页面中使用面积最大，但是由于它的明度非常高，饱和度就降低了，因此在页面中扮演不明显的角色。而绿色的纯度最高，且使用面积次之，页面显示较显眼，因此用于次级导航位置上。整个页面主次视觉引导分明。

019

图 2-18　同类色的调和运用

图 2-19　近似色的调和运用

2.4.3 对比色的调和

对比色是指在 24 色色相环上相距 120°～180°的两种颜色。把对比色放在一起，会给人一种强烈的排斥感。若混合在一起，会调出浑浊的颜色，如红与绿、蓝与橙、黄与紫。如图 2-20 所示，该网站使用了大面积的红色和小面积的绿色搭配，面积的对比起到了调和色彩的作用，此外使用了白色作为分割色，也起到了调和视觉的作用。因此处理对比色时一般采用以下方法：

（1）提高或降低对比色的纯度或提高一方的明度；

（2）在对比色之间插入分割色（金、银、黑、白、灰等）；

（3）采用双方面积大小不同的处理方法，即大面积的冷色与小面的积暖色；

图 2-20　对比色的调和运用

（4）对比色之间加入相近的类似色。

2.4.4　渐变色的调和

　　渐变色实际是一种调和方法的运用，是颜色按层次逐渐变化的现象。色彩渐变就像两种颜色间的混色，可以有规律地在多种颜色中进行。暗色和亮色之间的渐变会产生远近感和三维的视觉效果。

　　如图 2-21 所示，界面中借用了黎明时分的天空渐变的色彩，将白色元素巧妙地从背景中脱颖而出。大量的留白、灰色的页顶和页底用来导航……所有的一切完美搭配，形成了这款迷人的界面，而如图 2-22 所示，设计师很有技巧地利用渐变的色彩来进行不同选项的区分，形成了可爱的"彩虹条"，使整体效果看起来多姿多彩、令人振奋。

图 2-21　渐变色的调和运用 1

图 2-22　渐变色的调和运用 2

　　渐变色能够柔和视觉，增强空间感，体现节奏和韵律美，达到统一整个页面的目的。除了统一，当然也可以起到变化页面视觉形式的作用。该设计语言可在需要的时候适当地使用。

2.5 色调的变化

　　色调是色彩视觉的基本倾向，是色彩的明度、色相、纯度三要素通过综合运用形成的。在明度、纯度、色相三要素中，某种因素起主导作用，通常就称作某种色调。蓝色色相称为蓝色调，深蓝、浅蓝、湖蓝都属于蓝色调。

　　色调的使用没有明显的限制，任何一个色相都可以成为主色调，主色调与其他色相组成各种各样的相互关系，如互补色、近似色、对比色等。按照色彩三要素和色彩的冷暖分类，大致可分为以下几类。

　　（1）根据色相分类可分为：红色调、绿色调、紫色调等，在前面已经叙述过，不再赘述。

　　（2）根据明度分类可分为：鲜色调、灰色调、深色调。

　　① 鲜色调。在确定对比色相在色相环上的角度、距离后，尤其是中差（90°）以上的对比时，必须与无彩色的黑、白、灰及金、银等光泽色相配，这样可以在高纯度、强对比的各色相之间起到间隔、缓冲、调节的作用，以达到既鲜艳又真实、既变化又统一的积极效果，给人一种生动、华丽、兴奋、自由、积极、健康的感觉，如图 2-23 所示。

　　② 灰色调。在确定对比色相在色相环上的角度和距离后，于各色相之中调入不同程度、不等数量的灰色，使大面积的总体色彩向低纯度方向发展，为了加强这种灰色调倾向，最好与无彩色，特别是灰色搭配使用，这样会给人一种高雅、大方、沉着、古朴、柔弱的感觉。如图 2-24 所示，界面中使用了不同层级的灰度，画面中使用的少量蓝色在灰色调的衬托下异常醒目。

图 2-23　鲜色调的界面

图 2-24　灰色调的界面

　　③ 深色调。在确定对比色相在色相环上的角度和距离时，首先考虑多选用低明度色相，如蓝、紫、蓝绿、蓝紫、红紫等，然后在各色相之中调入不等数量的黑色或深灰色，同时，

021

为了加强这种深色倾向，最好与无彩色中的黑色搭配使用，这样会给人一种老练、充实、古雅、朴实、强硬、稳重、男性化的感觉，如图 2-25 所示。

（3）根据纯度分类可分为：浅色调、中间色调。

① 浅色调。在确定对比色相在色相环上的角度和距离时，首先考虑多选用高明度色相，如黄、橘、橘黄、黄绿等，然后在各色相之中调入不等数量的白色或浅灰色，同时，为了加强这种浅色调倾向，最好与无彩色中的白色搭配使用，如图 2-26 所示。

图 2-25　深色调的界面　　　　　　　　　　图 2-26　浅色调的界面

② 中间色调。中间色调是一种使用最普遍、数量最众多的配色倾向，在确定对比色相在色相环上的角度和距离后，于各色相中都加入一定数量的黑、白、灰色，使大面积的总体色彩呈现不太浅也不太深、不太鲜也不太灰的中间状态，这样会给人一种随和、朴实、大方、稳定的感觉，如图 2-27 所示。

图 2-27　中间色调的界面

在对整体色调进行优化或变化时，最主要的是先确立基调色的面积优势。一幅多色组合的作品，大面积、多数量使用鲜色，势必成为鲜色调。大面积、多数量使用灰色，势必成为灰色调，其他色调以此类推。这种优势在整体的变化中能使色调产生明显的统一感。但是，如果只有基调色而没有鲜色调就会感到单调、乏味。如果设置了小面积对比强烈的点缀色、强调色或醒目色，由于其不同色感和色质的作用，会使整个色彩气氛丰富活跃起来。但是整体与对比是矛盾的统一体，如果色彩的对比、变化过多或面积过大，则易破坏整体感，失去统一效果而显得杂乱。

（4）根据冷暖分类可分为：暖色调、冷色调。

高纯度的暖色调的界面给人一种轻快、温暖的感觉，彩度降低，色彩变得暗淡，给人一种稳重的温暖感，其中红色最具代表性，如图 2-28 所示。冷色调的界面给人一种冰冷、暗淡的感觉，其中蓝色最有代表性。蓝色调的界面在色彩的明度、纯度较高时，会给人一种轻快、凉爽的感觉，如图 2-29 所示。

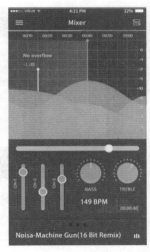

図 2-28　暖色调的界面

023

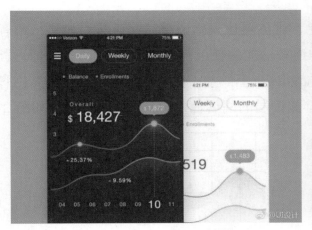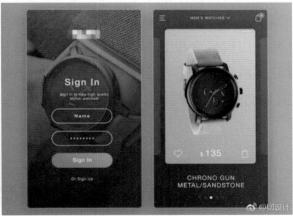

图 2-29　冷色调的界面

2.6　移动界面色彩搭配原则

色彩是 UI 界面设计中重要的设计元素之一。优秀的色彩搭配不仅可以吸引用户的注意力，同时还可以为 UI 界面的设计添彩，统一设计风格，从视觉上给用户带来良好的体验。

不同的色彩具有不同的情感。心理学研究表明，暖色可以引起瞳孔放大，心脏脉搏跳动加快，心情兴奋；冷色可以让人产生淡漠的感觉，心脏、脉搏跳动平稳，心情沉静，有收缩、寒冷的感觉；中间色（介于暖色与冷色之间）处于兴奋和冷静之间，不会使眼睛过于疲劳，给人以柔和、宁静与舒适的感觉，如图 2-30 和图 2-31 所示，不同的颜色会给浏览者不同的心理感受。每种色彩在饱和度、透明度上略微变化就会产生不同的感觉。根据这个原理，可以为所要设计的特定的 App 选择适合的颜色搭配，奠定界面的基调。

图 2-30　与众不同的色彩搭配

图 2-31　冷暖色区分清晰

2.6.1　界面色彩搭配层级

如果说一个界面只是单一地运用一种颜色，难免会让人感到单调和乏味；如果将所有的颜色都运用到界面设计中，则会影响信息的传递和功能的使用。因此，一个优秀的界面设计，要对界面内全部内容的颜色进行整体的规划与设计。通常情况下，一个界面包括四类色彩层级，具体分为主题层的主题色、辅色层的辅色、阅读层的阅读色及提醒层的提醒色，如图 2-32 所示。

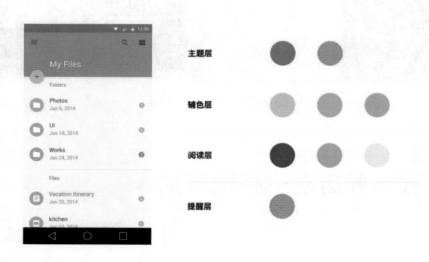

图 2-32　色彩层级

1. 主题色

主题色是界面中出现最频繁的颜色，决定着界面的视觉风格趋向，多用于状态栏、标题栏、主题栏等大面积组件色。主色并不一定只有一种颜色，还可以是一个色调，一般选择同色系或邻近色中的 1~3 种颜色。通常可以认为饱和度高的颜色为主色（如图 2-33 所示），或深颜色为主色（如图 2-34 所示），或面积大的颜色为主色（如图 2-35 所示），或视觉中心所呈现的颜色为主色（如图 2-36 所示）。

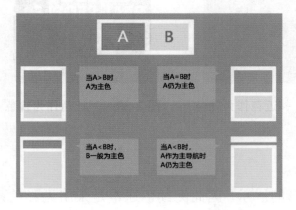

图 2-33　饱和度高的颜色为主色

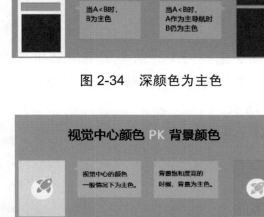

图 2-34　深颜色为主色

025

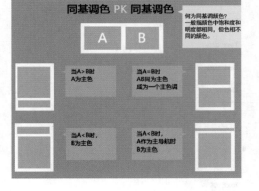

图 2-35　面积大的颜色为主色

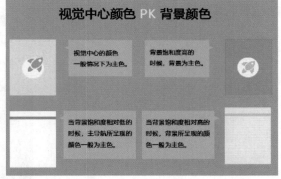

图 2-36　视觉中心所呈现的颜色为主色

2. 辅色

辅色用来突出界面关键部分的颜色，多用于标题、按钮、悬浮按钮、文字按钮、文本框、进度条、选择控件、滑动条、链接等。辅色与主色共同构成界面的标准色彩，通常采用主色的邻近色、延伸色、协调补色，可以起到烘托、融合、减轻视觉疲劳的作用。辅色在整体的画面中使画面丰富，更具细节。辅色不一定只有一种颜色，也可以多色相辅助。同类色作为辅色时，画面显得较柔和，整体也显得和谐统一，如图 2-37 所示。邻近色作为辅色时，会产生明度和色相对比，画面较丰富，如图 2-38 所示；对比色或互补色作为辅色时，画面色彩层次丰富，主色更鲜明，如图 2-39 所示；也可以充分利用背景色，正确运用背景色会让画面更有特色。

| 图 2-37　同类色作为辅色 | 图 2-38　邻近色作为辅色 | 图 2-39　对比色作为辅色 |

3. 阅读色

阅读层主要用于界面中文字信息和基础图形的展示，因此阅读色通常是采用无彩色系，并依靠色彩的明度进行层级区分，但是一般不用明度为 40%～60% 的灰色，具体的使用比例如图 2-40 所示。

图 2-40　阅读层常用阅读色

4. 提醒色

提醒色（又称点睛色）目的是引起用户快速注意。在界面设计中，确定主题色和辅色后，通过在小范围内加上强烈的颜色，即点睛色来突出重要信息或功能，吸引用户视线，使得界面层次分明。一般情况下，提醒色会使用较鲜艳的颜色，但要考虑用户视觉的舒适度，如图 2-41 和图 2-42 所示。

图 2-41 提醒色与背景色反差强烈　　　　图 2-42 提醒色与背景色相近

2.6.2 色彩搭配应注意的问题

1. 色彩的心理暗示

研究表明，色彩心理受个人认知的影响。在社会因素中，性别也会对颜色如何被感知产生一定影响作用。色彩及心理学是相互关联的。

色彩在心理暗示的意义说明如下。

（1）黄色：有警示的寓意（交通法规中常用），但儿童非常喜欢这个颜色，过度耀眼会让人感到厌烦。

（2）橘色：温暖而不危险，与能量有关（饮料、运动、健身），儿童也同样喜欢这个颜色。

（3）红色：提示操作、兴奋、冲动，象征激情和理想的时尚或化妆品牌、交友网站和食物使用较多。

（4）紫色：代表奢华、典雅、温柔等。

（5）黑色：代表高端的、漂亮的、传统的、团体的、企业的、优秀、卓越等。

（6）绿色：代表自然、幸福感、健康产品、道德活动、新理念、新观点。

（7）蓝色：代表理性，深蓝色与奢侈品有关联，浅蓝与清新的产品相关联，蓝色有利于抑制食欲，所以几乎所有食品都不用蓝色系做广告。

（8）粉色：吸引女性用户的注意力，一般对喜爱甜食的人比较有刺激效果。

（9）白色：代表纯净、凉爽、冷静和现代。

2. 色彩的大小位置

主要标准色使用大面积色块，大块的色彩在烘托气氛与主题方面较为稳定，而小块的色彩则常用于点缀，起到丰富画面的作用。另外，色彩的搭配需要统一色调，在不同的 UI 界面框架中尽可能统一色调，从而给用户一种非常统一的印象，让用户一目了然，记忆深刻。

3. 在相似中找呼应色彩

想要让界面变得更有节奏感，可以运用相似色进行色彩呼应。首先需要定义色彩的基调，找到最主要的色彩，如果在设计中采用单一颜色进行设计，使用大小关系区分功能的主次关系，虽然视觉上较为平衡，但会显得比较单调；在主要功能上使用补色对比，以此让用户聚焦在主要功能上。切记不要采用过多色彩，否则会使得界面没有秩序，给用户带来一种混乱感。

在色彩搭配问题上，不仅要聚焦用户的注意力，还要讲究颜色的呼应性，同类色彩会彼此呼应，从而使得聚焦点聚集在主要的点上，如图 2-43～图 2-46 所示。

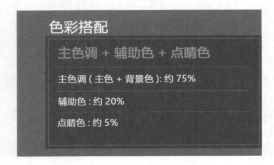

图 2-43　色彩搭配

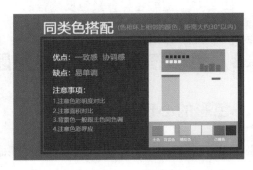

图 2-44　同类色搭配

图 2-45　邻近色搭配

图 2-46　对比色搭配

2.7 界面设计配色技巧

界面中的色彩运用可以体现出界面的风格和所展现的主题，具有引导作用。同时，也可以表达出网站的情感和意图，向用户说明此网站的意义和存在价值，让用户清楚网站的针对人群，更加快捷、方便地为大众所用。

因此，设计一个网站、一个 App，一般都需要确定一个主题颜色，任何一个界面只有一种颜色几乎是不可能的，当然不排除有人会用纯单色。所以设计者应该考虑整体的配色方案和使用的每个色彩，以及它们的统一性。另外，还要考虑颜色对用户的影响，以及如何让正在使用的主色和辅色相匹配。考虑这些要求后，每个设计者都会关心且能够解决界面颜色问题。下面主要介绍界面颜色搭配的一些技巧。

1. 使用邻近色

这里所说的邻近色，就是在色相环中邻近和靠近的颜色，可以是两两相靠的颜色，也可以是相隔一定距离的颜色，但是相隔的色彩最多不能超过 5 个，如蓝色与紫色、红色与黄色等。利用邻近色来设计界面，可以使界面色彩搭配便捷，同时也能避免色彩杂乱无章，使得界面层次井然，整体的页面效果更容易达到和谐统一。如图 2-47 所示，此界面利用红与黄这一对邻近色相搭配，使得界面整体协调、不突兀，自然而然地使用户的重点放在界面的文字中，不喧宾夺主，起到很好的引导视线的作用。

如图 2-48 所示的是一个关于字母游戏的界面。界面中运用蓝色和绿色这一对邻近色作为界面的主色，加之对字母的排列方式的设计，体现了游戏的趣味性。

图 2-47 红色与黄色的邻近色搭配

图 2-48 蓝色与绿色的邻近色搭配

2. 使用对比色

所谓的对比色，是指色相环中角度间隔相差不到 180°的两种颜色，相互之间的间隔角度越大，也就意味着对比度越大。例如蓝色与橙色、红色与绿色、紫色与黄色等。通过合理地使用对比色，能够使界面特色鲜明，给用户一种鲜活的视觉效果，并且突出界面的重点，吸引用户的进一步浏览和更深层次地了解此网站的信息。在设计界面时，一般以一种颜色为主色调，用对比色来进行点缀和丰富界面，起到画龙点睛的作用。如图 2-49 和图 2-50 所示，两张界面利用蓝色与橙色、紫色与黄色进行对比，突出主题，吸引用户的注意力。

图 2-49 蓝色与橙色的对比搭配

图 2-50 紫色与黄色的对比搭配

3. 使用黑色

黑色是经典的色彩，更是神秘的色彩，它蕴含着攻击性，但它在邪魅中还隐藏着优雅，在沉稳中里还包含权威，它与力量密不可分，是最具有表现力的色彩之一，强烈而鲜明。所以，当黑色同版式结合起来并加上对比色和辅色，页面就会拥有独特而鲜明的质感。黑色系的界面设计往往可以隐藏一部分缺陷，并让一些内容和效果突出展现。如图 2-51 所示，此界面中非凡的细节设计和独特的个人风格从黑色的页面中自然而然地体现出来，整个页面在沉稳的黑色中展现出令人着迷的节奏感，黑色的视觉吸引力在这个界面中得到了清晰的呈现。

图 2-51 黑色系界面设计 1

如图 2-52 所示的界面使用传统而经典的黑白系配色互相映衬，让界面的主题效果更加突出，整个界面的细节设计微妙而漂亮。

图 2-52 黑色系界面设计 2

4. 使用背景色

在一般情况下，使用素淡清雅的颜色作为背景色，避免采用花纹复杂的图片和纯度较高的色彩。背景色的选取要与界面的主色调相协调，背景色的目的是辅助主色调，丰富界面设计的整体性，因此背景色不能使用纯度过高的色彩。如果为了美化界面而使用一些颜色过于复杂的图片，会使得界面华而不实，不易突出重点。同时需要注意的是，背景色与文字的色彩对比应该设计得强烈一些，这样才能突出文字，进而突出界面的主题。如图 2-53 所示，此界面中利用黑板作为背景，并将字体设计成粉笔字，背景的黑色与文字的白色形成了强烈的对比，使得界面的中心落在文字上，主次分明。

图 2-53　背景色与文字色的对比

5. 色彩的数量

初学者在进行界面设计的时候，往往大多数会使用多种颜色，这样做的弊端是容易使得界面整体显得很花哨，缺乏统一性和协调性。虽然表面能吸引眼球，但是缺少内在的美感。由此可见，在界面设计中的配色方面，不一定颜色用得越多效果越好，甚至还会起到不好的效果。事实上，色彩的数量一般控制在 2～5 种最好，通过颜色属性的不断调整来产生不同的效果。但在一些特别的界面中可以使用多种色彩，如社交类、时尚类、美食类、购物类、儿童类等界面中，色彩会相对丰富一些。如图 2-54 所示的是某航空公司的网站界面，此界面虽然只用到一种色彩，但是充满了现代气息的整体设计，利用精致入微的专业图片为背景，再使用舒适的白色，让浏览者在网站上找到了云层之上的感觉。

图 2-54　一种色彩的界面设计

如图 2-55 所示的界面运用中性的黑白色调，构成了界面的主色调，强烈的对比和留白令界面设计感十足。

如图 2-56 所示的界面运用了红、白、黑三种颜色，虽然色彩较少，但是界面整体协调，色彩搭配合理。

图 2-55　两种色彩的界面设计

图 2-56　三种色彩的界面设计

如图 2-57 所示的界面是某社交软件的界面设计，其用色丰富，吸引眼球，很好地体现了界面的主题。

图 2-57　多种色彩的界面设计

研讨类课题

　　古装电视剧的热播引发了大家对剧中服饰配色的讨论。网络上也颇多说辞。不少人认为《延禧攻略》中服饰的素雅色彩比《如懿传》中的艳丽更养眼。宫廷服饰的色彩到底是什么样的呢？

　　通过研究资料，明确乾隆时期宫廷服饰的33种主要用色。请通过典型服饰，提取色块并分析其配色关系，思考其配色在界面中应用的可能性，以及如何用色彩更好地展现传统美学、推动传统文化的发展。

 ## 设计思考

　　色彩的情感表现对界面设计的影响有哪些？请举例说明。

参考数字资料

故宫博物院官网中的数字文物库板块；

中国丝绸博物馆官网中的藏品板块。

参考书籍资料

《乾隆色谱》，刘剑/王业宏等著，出版社：浙江大学出版社

国丝馆复原乾隆色
请扫描二维码

清宫剧服饰引热议
请扫描二维码

第3章

移动端界面设计要素

3.1 移动端界面构成要素

由于移动端尺寸的限制和信息的综合性，如果直接把所有内容放在一个页面显示，会导致信息传达的失误或交互操作的错误。由此，对于整体的软件页面，需要进行构成内容的规划与布局。不同的 App 可以提供不同的功能与服务，智能手机已经"占领"了人们的生活。下面以智能手机 App 为例，分析相关的界面构成要素及其作用。

3.1.1 启动图标

什么是启动图标？以智能手机为例，如果人们想打开手机上的微信，想打开手机上的百度，或者是想打开手机中任何一个程序，所需要单击的那个图标就是启动图标，也叫手机主题图标。启动图标就是软件程序的标识，形成用户对软件程序的第一印象。通常用户是通过分辨启动图标的形状和颜色来寻找所需要的软件的。在图 3-1 中可以看到，iOS 系统启动图标的风格设计统一，整体非常协调。不同于 iOS，Android 为开源系统，多家公司共同使用，所以在图标的设计风格上缺乏一致性，相同的功能在不同的手机端会出现不同的图标（如图 3-2 所示）。

图 3-1　iOS 启动图标　　　　　　　　　　图 3-2　Android 启动图标

3.1.2 启动页

　　启动页是用户启动 App 后看到的第一个画面，是为了增加品牌或者用户友好度而增加的页面。它们通常用于品牌宣传、产品名称、Logo 或产品标语等的展示。同时，为了确保用户在短时间内接收信息，设计人员通常会采用简约的形式，并将元素集中在屏幕中间，表现方式可以是静态的也可以是动态的（如图 3-3～图 3-5 所示）。

图 3-3　网易云音乐启动页　　　　　图 3-4　知乎启动页　　　　　图 3-5　闲鱼启动页

3.1.3 引导页

　　引导页通常是一组界面，是为了让用户了解产品动态或者引导用户完成某种操作而设置的页面。引导页的结构和内容对于每个 App 而言都是高度个性化的。部分 App 的引导页喜欢使用自定义插画，采用形象、生动、立体的设计吸引用户注意力，同时也便于用户理解其功能和特点。而理财类或社交类 App，则会在引导页中进行账号创建、偏好设置、兴趣添加等一系列操作（如图 3-6 和图 3-7 所示）。

图3-6　活动预告引导页

图3-7　功能使用引导页

3.1.4 登录注册页

登录注册页是现在智能手机 App 的基本页面，是为了给用户独有的个人中心，包括数据的定制或数据的保存。它作为一项基础功能，一般用户于初次使用或者退出登录时用到，又或是在版本更新和登录过期时用到。

目前，常见的登录注册方式主要有三种：手机号登录注册、邮箱登录、第三方登录。

1. 手机号登录

随着移动互联网的到来，人们上网的主要设备已经从 PC 端转移到智能手机等移动终端。由于手机号码的实名制及全球通业务的普及，使得手机号码也具有了唯一标示性。用手机号码作为登录 ID，并用短信验证码的形式来登录注册的方式，逐渐取代了邮箱登录方式（如图 3-8 所示）。

2. 邮箱登录

邮箱登录最初源于 PC 端，在 PC 时代的互联网产品多使用邮箱作为唯一 ID。随着手机智能化的发展，邮箱登录方式正逐渐被手机号登录方式所取代。

3. 第三方登录

第三方登录是指用户不需要进行信息注册，直接选择第三方账号就能完成登录的方式。这种登录方式有助于简化用户注册登录的流程，提高 App 的用户转化率。国内常见的第三方账号有微博（如图 3-9 所示）、微信、QQ 等，国外常见的第三方账号有 Facebook、Twitter、Google 等。

| 图 3-8 学习强国注册页 | 图 3-9 第三方登录页 |

3.1.5 缺省页

缺省页通常是页面的信息内容为空或信息响应异常时加载的页面。通常缺省页是为了提示用户在异常状态的操作方法，同时也是安抚用户情绪的重要手段。缺省页的内容设计，通常采用简洁、直观、易懂的方式表达当前的异常状态，同时为用户提供解决当前问题的方案（如图 3-10 所示）。

图 3-10 订单缺省页

3.1.6 首页

首页是任何一款 App 都需要的重要组成部分。首页是大多数用户与 App 交互的主要界面。

首页的内容及设计取决于 App 的类型、功能和定位。但是不同类型的 App 之间也会有一些相同的组件，如搜索栏、标签栏、导航栏、功能图标等，总的来说，都是以归纳整理信息内容、为用户提供多种查找信息的导航模块为主。因此，首页的布局设计应突出信息分组层级和导航模块的差异化（如图 3-11～图 3-13 所示）。

图 3-11　淘宝首页

图 3-12　学习通首页

图 3-13　个人所得税首页

3.1.7 模块页

为了使用户使用更容易，App 通常会在首页设置不同的功能图标与详情链接，用户单击后可以直接到达相对独立的特定内容。这些内容构成了 App 中的不同功能模块和模块页面。随着 App 功能的扩展与完善，其所包含的模块页面也在不断地增加，常见的模块页面有详情页、个人信息页、导航页、数据图表页、结算页、播放页、联系人页等（如图 3-14～图 3-16 所示）。

图 3-14　个人信息页

图 3-15　购物车模块页

图 3-16　导航模块页

随着移动端技术的提升和智能化的发展，移动端界面所包含的内容与构成要素也随之产生变化。例如，语音、视频、AR 等也正在融入 App 的界面设计之中，在未来可能会成为新的构成要素。

3.2 设计表现方法

3.2.1 纸上法

　　尽管现在计算机与软件已经深入设计师的日常工作中，但仍然有许多设计师保留在纸上绘制图画的习惯。在移动端界面设计初期，纸上设计法也是团队讨论、头脑风暴、草图方案阶段采用的方法。这种方法便于快速记录设计概念、快速进行视觉展示，且便于修改。

　　如图3-17和图3-18所示是直接在规划好的移动终端上分别构思不同界面的草图，而从图3-19中可以看出设计者胸有成竹地将自己的构思大胆地表现出来；图3-20则是针对某个页面的逐步完善构想。不管如何，如果一开始就想设计出一个完美的布局是比较困难的，而是要在这看似很乱的图形中找出隐藏在其中的特别的造型。还要注意一点，不要担心设计的布局是否能够实现，事实上，只要能想到的布局都能靠现今的技术实现。

图 3-17　手绘草图 1

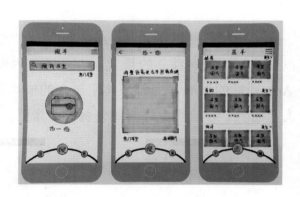

图 3-18　手绘草图 2

图 3-19　手绘草图 3

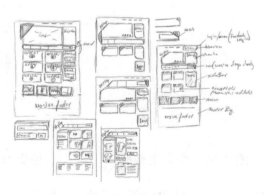

图 3-20　手绘草图 4

草图不是把一个页面完完整整地都画下来，而是只需要思考大体的轮廓与需要增加的东西，做到心中有数即可，具体的还是要通过软件工具进行实现。草图不是最后的结果，而是后面制作时的依据。

3.2.2 软件法

在移动端界面设计后期，通常采用软件绘制，如 AI、XD、Figma、Sketch 等这些常用软件，最终利用软件的绘制编辑功能形成真实完善的界面视觉效果，如图 3-21～图 3-23 所示。

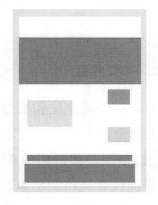
图 3-21　绘制步骤 1

图 3-22　绘制步骤 2

图 3-23　绘制步骤 3

3.3 风格确定

App 整体设计风格是指通过主要的几种颜色搭配、页面布局和 NPC 等给用户呈现出的整体视觉感受。因此启动 App 设计时，首先应该确认整个 App 的设计风格，然后其他页面依照统一的设计风格进行细致的美化设计。统一设计风格能给用户呈现整体一致的视觉体验，有利于传达产品的整体品牌形象，方便设计团队制定设计规范，减少设计风格不一致带来的沟通成本。

App 设计风格从视觉效果上至少给用户传达了两个信息：一是 App 的整体基调；二是 App 的目标人群。

如图 3-24 所示的微信界面，采用黑、绿、白三种主要颜色搭配，中规中矩的布局呈现给用户稳重、值得信赖的感觉，更偏向是成人的沟通工具。如图 3-25 所示的是 QQ 界面，QQ 默认皮肤采用浅蓝、浅灰、白三种主要颜色搭配，灵活的布局交互呈现给用户活泼、有趣的感觉，更偏向爱玩、爱新奇的年轻用户。

图 3-24　微信界面

图 3-25　QQ 界面

为什么同样是即时通信社交应用，设计风格差距这么大呢？这是由产品的定位和目标用户决定的。一方面，微信的口号是"微信，是一个生活方式"，这种大而全的定位，注定微信设计风格要更谨慎和中性化；另一方面，据腾讯官方数据统计，86%的微信用户年龄集中在 18～35 岁，90%的用户职业为企业员工、学生，目标用户也决定了微信界面设计风格的稳重、成熟和高端化。而 QQ 的口号是"乐在沟通"，定位明确为娱乐化的社交应用，因此 QQ 设计风格是活泼有趣，甚至可以个性化（用户可切换多种不同设计风格皮肤）；另外，QQ 兼容人群更广，相对微信来说更年轻、更活泼，中小学生的忠实沟通工具仍是 QQ。

移动 App 产品的设计首先应该紧跟业界的主流设计风格。目前，市场主要是扁平化设计和拟物化设计两种形式并存。从 iOS 7 开始，iPhone 的用户界面设计就从利用形象的参照物来指代模拟对象的、内容丰富和隐喻性的设计转向了扁平化设计。拟物化设计是公认的乔布斯的愿景——以生活中物品为参照加入感情元素，这些设计通常非常精致，具有高光和纹理，容易引起人们的共鸣，更具人性化。在数码设备普及度不高的时代，拟物化设计是有效的，尤其对于孩子和老人来说，拟物化设计更直观、有趣。但是随着数码科技的发展，拟物化设计带来的是开发成本的增加。

3.3.1　扁平化

苹果公司发布的 iOS 7 系统界面打破拟物化效果，使用了更简洁的设计风格，这种风格被称为扁平化，扁平化风格开始全面地普及与流行。如图 3-26 和图 3-27 所示，扁平化设计是在平面上以极简、抽象，甚至符号化的方式来表达用户界面上的对象，摒弃了高光、纹理，甚至阴影等效果，简约而不简单，突出内容主题，排除不必要的视觉干扰，让用户更加专注信息本身。

图 3-26　图标的扁平化设计　　　　　　　　图 3-27　网页设计的扁平化设计

1. 扁平化设计的特点

扁平化，简单地说就是使用一些简单的纯色块打造出一种看上去更"平"的界面。扁平化风格的一个优势就在于它可以更加简单、直接地将信息和事物的工作方式展示出来，减少认知障碍（如图 3-28～图 3-30 所示）。扁平化设计具有以下特点。

图 3-28　个人中心界面　　　　　图 3-29　个人状态界面　　　　　图 3-30　社交软件相册

（1）界面美观、简约大方、条理清晰。

（2）在设计元素上强调抽象、极简、符号化，去除冗余的装饰效果，突显 App 的文字图片等信息。

（3）完美兼容 PC、Android、iOS 等不同系统的平台和不同屏幕分辨率的设备，适应性强。

（4）使用更加高效。

（5）缓解审美疲劳。随着 Windows 8 的 Metro 界面的发布，设计变得更简约清晰。

如图 3-31～图 3-33 所示是拟物化与扁平化风格设计的对比。

图 3-31 拟物化图标

图 3-32 扁平化图标

图 3-33 扁平化设计

2. 扁平化设计的五大技巧

对于设计师来说，如果观察微软的 Window Phone 平台时，会发现一个特别的现象：具有很好的统一感，缺乏张扬的个性，令人记忆深刻的应用并不多，以至于有的开发者感叹，它们看起来都是一个样子。设计师将 Metro 语言比作包豪斯风格，并且指出"因为去掉了装饰，使得个性化的空间很小"，这可能给人以"缺乏生命力"的感觉，所以要想设计出好的扁平化设计，也是非常需要技巧的。

（1）简单的设计元素。

扁平化完全属于二次元世界，即一个简单的没有景深的平面形状。扁平化的核心就是放弃一切装饰效果，诸如阴影、渐变、透视、纹理等。所有的元素的边界都干净利落，没有任何羽化、渐变或者阴影。尤其在手机上，因为屏幕的限制，使得这一风格在用户体验上更有优势，更少的按钮和选项使得界面干净整齐，使用起来格外简单（如图 3-34～图 3-36 所示）。

图 3-34 一目了然的页面

图 3-35 简单化一的设计风格

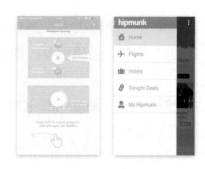

图 3-36 简单易操作的界面

（2）强调字体的变化。

字体是排版中很重要的一部分，它需要和其他元素相辅相成，如果只有一款花体字应用在扁平化的界面上是非常突兀的。字体家族庞大且分支众多，其中有些字体会在特殊的情景下有意想不到的效果。仔细体会如图 3-37～图 3-39 所示的经典的扁平化网站使用的字体示例。

如图 3-37 所示网站界面主要是绿色和白色两个色块，风格非常清新简洁，品牌字体突出，文字大小分配合理。

图 3-37　扁平化网站界面 1

如图 3-38 所示网站界面分为上白下蓝两块，字体颜色则相反，画面没有累赘的部分，板块分区合理，用户使用感很好，操作简便。

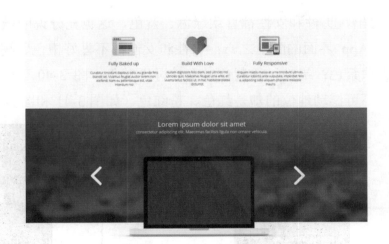

图 3-38　扁平化网站界面 2

如图 3-39 所示界面用色块进行功能分区，简洁明了，不同字体的区别明显，品牌突出，一目了然。

图 3-39　扁平化网站界面 3

（3）关注色彩。

扁平化设计中，配色是最重要的一环。在设计风格表现上，色彩占据了 80% 以上的视觉体验。因此要做好设计风格，主要需做好界面的色彩的搭配和分布。另外色彩是有情感的，不同的色彩能给用户不同的印象和感受，而且不同的人群对色彩的偏好也是不一样的。所以在为 App 界面的设计进行配色时，需要考虑不同用户的喜好和体会配色给用户带来的视觉感受（如图 3-40 所示）。

046

图 3-40　不同人群对于色彩的感受

从图 3-40 中可看出，男性和女性都喜欢绿色、蓝色，这也充分说明微信和 QQ 为什么都使用绿色或蓝色作为 App 界面的配色之一；男性和女性都不喜好橙色、褐色。不同的是，男性喜欢黑色，女性喜欢紫色；男性讨厌紫色，女性讨厌灰色。图 3-40 仅供参考，其实，在女性的颜色偏好中有着不可撼动地位的却是红色、粉红色（如图 3-41 和图 3-42 所示）。

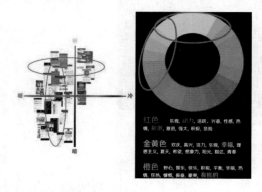

图 3-41　色彩情感：红色、金黄色、橙色

图 3-42　麦当劳 App 界面截图

设计风格的配色除了要注意人们的喜好差别，还应该重视通过冷暖色彩加明暗亮度搭配的

表现带给用户的印象和心理感受（如图3-43～图3-46所示）。

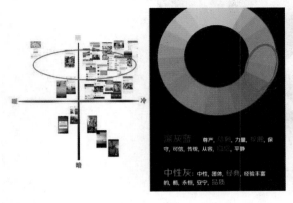

图3-43　色彩情感：深灰蓝、中性灰

图3-44　facebook界面截图

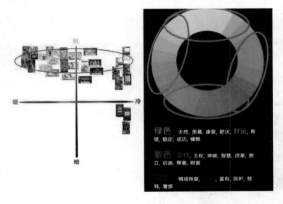

图3-45　色彩情感：绿色、紫色、青色

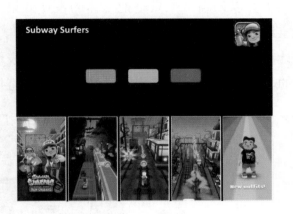

图3-46　地铁跑酷界面截图

（4）简化的交互设计。

设计师要尽量简化自己的设计方案，避免不必要的元素出现在设计中。简单的颜色和字体就足够了，如果还想添加点什么，则尽量选择简单的图案。扁平化设计尤其对一些做零售的网站帮助巨大，它能很有效地把商品组织起来，简单但合理的排列方式会带给用户简单、清爽的感受（如图3-47～图3-49所示）。

图3-47　小米商城界面

图3-48　学习App界面

图 3-49　简约现代感的网站界面

（5）伪扁平化设计。

不要以为扁平化只是把立体的设计效果压扁，事实上，扁平化设计也能在功能上实现简化与重组（如图 3-50～图 3-52 所示）。例如，与天气有关的应用会使用温度计的形式来展示气温，与计算相关的应用仍用计算器的二维形态表现。在应用软件当中，温度计的形象则纯粹是装饰性的，而计算器的形态也不是最简单、最直接的。

图 3-50　有态度但指向性不明确的个人网站

图 3-51　美观但有些芜杂的设计

图 3-52　可爱但不简约的图标设计

3.3.2 新拟物化

自 2020 年开始，网上流行起了一种叫作 Neumorphism 的新风格，也有人称为 Soft UI，这是一种类似于浮雕效果的风格。这种风格的出现，给当时流行的扁平化设计增加了一种新的设计形式。

Neumorphism 风格源自设计师 Alexander Plyuto 的新作品 Skeuomorph Mobile Banking，如图 3-53 所示。这个作品自发布以来就获得了数十万浏览量，数千点赞数，热度持续飙升并登上 Popular 榜首，而后来就有设计师创造出一个新的虚构词 Neuomorphism，经过修改最终成为 Neumorphism。

图 3-53 Alexander Plyuto 的作品 1

拟物化设计通过在界面设计中模仿现实物体的纹理和材质，让人们在使用界面时习惯性地联想到现实物体的使用方式，随后拟物化设计被扁平化设计所取代。但是设计是不断发展变化的，新拟物化的设计则是在扁平化的基础上呈现真实物体质感的设计风格，核心思想是强化色彩与质感。在具体的制作表现中，注重模拟光的斜向照射效果（如图 3-54 和图 3-55 所示）及材质与扁平化的结合（如图 3-56 所示）。

图 3-54 光的斜向照射效果

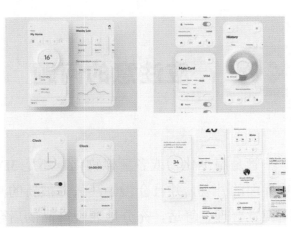

图 3-55 Alexander Plyuto 的作品 2

图 3-56　Brightlab 的作品（玻璃拟物化）

3.3.3　3D 化

2020 年苹果发布了新的 MacOS Big Sur 系统图标，其最大的变化就是在设计中引入了 3D 元素（图标）（如图 3-57 所示）、透明区域，并放弃灰色阴影。3D 化设计的引入提升了 UI 整体的视觉氛围，在现在的一些 App 界面的设计中已经可以看到 3D 化设计的案例了，如支付宝。这种设计多以插画的形式出现，如图 3-58 所示。

图 3-57　Big Sur 系统图标

图 3-58　支付宝 3D 化设计界面

3.4　应注意的问题

不管是扁平化，或者新拟物化，还是 3D 化，界面设计的重点不在于追赶潮流，潮流只能影响界面的外观，并且会慢慢淡去并被新的潮流所替代。设计师设计一款应用界面的时候，让界面视觉合理、舒适，充分地表现产品的后台属性，如定位、功能、交互框架等才是重点。对于设计师来说，无论采用怎样的风格，优秀的界面设计都需要遵从一些共通的设计原则。

（1）一致性。通过具有一致性的设计模式及视觉风格，为用户建立起完整一致的心智模型，使产品更加易用，提升整体体验。

（2）对比。通过对配色、尺寸和布局的调整，使可单击的界面元素在视觉上与其他元素形成鲜明的对比。

（3）层级化。最重要的东西要比相对次要的东西更容易被看到。简单地说，就是在界面设计中着重突出那些与核心功能、与常见用例相关的交互元素，而将其他操作元素置于次要位置，这可以使界面得到最有针对性的优化和简化。

（4）目标用户。不同类型的用户所青睐的界面风格也有所不同。建筑、设计、时尚等领域的用户可以更好地拥抱扁平化风格，而其他更加"大众"的用户则更容易接受相对传统的拟物化界面。

（5）反馈。当单击行为发生时，要立刻向用户提供清晰明确的视觉反馈。动画过渡效果就是一种比较常见的反馈方式，例如，在用户执行操作后，使用旋转图标提示用户系统正在进行响应。

（6）降低"摩擦力"。无论采用哪种视觉风格，都要使界面尽量简化，减少用户完成目标所需执行的操作，打造更加流畅的交互体验。任何一点障碍或额外的步骤都会提高操作成本，增加功能的复杂度，进而降低转化率。

（7）鼓励探索。了解目标用户有可能对产品进行哪些方面的探索。一旦用户习惯了产品的界面与基础功能，并开始向"高级用户"的阶段进发时，要为他们的探索和学习行为进行必要的指引与"奖励"回馈。

（8）原型测试。无论风格如何，界面形式都取决于实际的功能。好的设计方案离不开前期的产品规划，特别是通过草图或线框原型进行的测试。识别出最核心的用户需求，为接下来的界面设计工作打下坚实的基础。

051

研讨类课题

"皇帝的一天"App 是故宫推出的一款儿童类应用，这款应用可以让孩子们了解清朝时皇帝的一天是如何度过的。这款应用以活泼的手绘画风、卡通化的宫廷人物，带领孩子深入清代宫廷，了解皇帝一天的饮食起居、办公学习与休闲娱乐。

下载体验"皇帝的一天"App，分析其界面风格，探讨针对不同目标用户设计何种风格能够更好地推广传统文化。

设计思考

归纳"学习强国"的界面构成要素及其设计风格，并分析其设计的思路。

第4章

移动端界面版式设计

4.1 移动端界面常见版式

随着信息化程度的提高，界面内容的综合性也越来越强，怎样才能把界面设计好呢？首先，在设计前要对制作对象进行整体的构造，包括文字的排版、色彩的设计、图片的规划、表格的布局……其次，就是合理地编排和布局每个页面，也就是版面布局。版面布局是一种能够让浏览者清楚、容易地理解作品传达信息的方式，也是一种将不同介质上的不同元素巧妙排列的方式。最后，就是要正确看待移动端内容，不能把所有的界面都用固定样式进行设计，而是要根据具体的内容来安排所设计的界面版面格式。

所谓的布局是指可以将界面看成报纸、杂志的版面进行布局、整理和排版。虽然今天的移动端布局是千变万化的，但依然有规律可循。合理的布局设计可以使界面井然有序，用户可以快捷、便利地找到所需信息，并进行相应的操作，产品的交互和信息的传递都能顺畅通达。下面来讲解移动端界面设计中的常用布局。

4.1.1 列表式布局

列表是最常用的布局之一，适用于包含信息量或文字较多的页面，便于在一个页面上展示同一个级别的分类模块。如图4-1所示的微信首页就是典型的列表版式。目前，智能手机通常采用竖屏显示，而文字是横向排列，因此横向列表居多，纵向列表较少。列表版式在视觉上整齐美观、信息明确、方便用户查找选择、机动性强、触发性强，如图4-2和图4-3所示。

图 4-1　微信首页

图 4-2　闹钟列表

图 4-3　天气列表

4.1.2 宫格式布局

　　宫格，顾名思义就是分格，在展现形式上就是将界面分割成相应的宫格，每一宫格内包含相同的元素，例如，（缩略）图片、标题文字、详情等。通过单击宫格，可跳转到下一级页面（详情页）。宫格式布局的优点是宫格的尺寸和数量可以根据页面内容灵活调整，通常采用九宫格排列（如图 4-4 所示），且宫格式布局便于快速查找和最大限度地展示图片。宫格式布局的缺点是菜单之间的跳转往往需要回到最初页面，如图 4-5 和图 4-6 所示。

053

图 4-4　美食页面的宫格式布局

图 4-5　九宫格式布局

图 4-6　微信支付页面的宫格式布局

4.1.3 卡片式布局

　　卡片通常是指页面中包含一定图片或文本信息的长方形区域，作为查看更多详细信息的一个入口，如图 4-7 所示。因为其样式看起来如同真实世界中的卡片一样，由此而得名。卡片式设计可以应用于各种环境，在占用较少屏幕空间的情况下将信息有组织地划分到不同的区域中，有助于快速浏览，让用户更快地找到其感兴趣的部分，如图4-8、图4-9所示。

图 4-7　美食页面

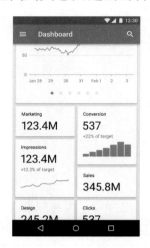

图 4-8　信息的卡片式展示

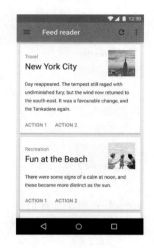

图 4-9　缩略信息的展示

4.1.4　瀑布流式布局

054

　　瀑布流式布局是比较流行的一种页面布局方式，随着页面滚动条向下滚动，这种布局还会不断加载数据块并附加至当前页面的尾部，如图 4-10 所示。页面瀑布流的加载方式避免了用户单击翻页的操作。页面定宽而不定高的设计让页面区别于传统的页面布局，巧妙地利用视线的流动，既缓解了视觉疲劳，同时又给人信息量庞大的感觉。这种页面布局方式常见于短视频、新闻类、学习类的 App，如图 4-11 和图 4-12 所示。

图 4-10　微信表情瀑布流式布局

图 4-11　欧路词典页面

图 4-12　简明日语 App

4.1.5 多面板式布局

多面板式布局适合分类和内容都比较多的页面。多面板式布局的优点是可以使用户对内容及分类进行整体了解，减少整体跳转的层级；缺点则是页面比较拥挤、信息量较大，容易使浏览者产生视觉疲劳，如图 4-13～图 4-15 所示。

图 4-13　多面板式布局

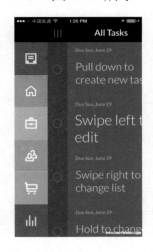

图 4-14　购物 App 界面

图 4-15　社交 App 界面

4.1.6 旋转木马式布局

旋转木马式布局也称轮播式布局，页面只重点展示一个对象，但可以通过滑动按顺序查看更多内容，如图 4-16 所示。这种布局对于单页面内容的展示性加强，容易吸引用户聚焦，线性的浏览方式有顺畅感、方向感，但受屏幕宽度限制，可显示的数量有限，不能跳跃性地查看间隔的内容，只能按顺序查看相邻的页面，如图 4-17 所示。

图 4-16　旋转木马式布局

图 4-17　引导页

4.1.7　弹出框式布局

　　弹出框很常见，也属于布局设计的一种。弹出框可以把内容隐藏，仅在需要的时候才弹出，以节省屏幕空间。弹出框可在原有界面上进行操作，不必跳出界面，给人连贯便捷的体验感，如图 4-18、图 4-19 所示。

图 4-18　信息弹出框

图 4-19　微博弹出操作列表

4.1.8　抽屉式布局

　　抽屉式布局可将内容隐藏，通过点击从相关内容抽拉出具体内容。抽屉式布局在体验上比弹出框式的更加自然，和原界面融合较好，有利于减少页面的跳转层级，如图 4-20 和图 4-21 所示。

图 4-20　抽屉式信息展示

图 4-21　备忘录 App 界面

4.2 版式设计应注意的问题

视觉元素在移动端界面占有重要的地位，适宜的元素组合会给页面设计加分，使用户既有好的视觉体验又能满足其使用需求，如图4-22～图4-24所示。

图 4-22　页面元素的组合 1　　　图 4-23　页面元素的组合 2　　　图 4-24　页面元素的组合 3

文案是 UI 设计中非常重要的因素，通过排版可以突出内容的重点，让用户得到首要的信息，有一定的引导性。相反，如果文字的排版看起来不舒服，内容让用户看了之后，都不知道要传递什么，这个作品绝对是失败的。

通过合理的排版可以突出页面的重点，在满足用户需求的同时起到引导作用。相反，如果文字与图片的排列布局看起来不舒服，会起到消极作用。不论页面的版式风格是怎样的，页面版式不只是字体、图片和图标的堆砌，页面中的每个细节都决定了设计要传达的信息与思想，如图4-25 和图4-26 所示。

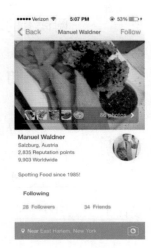

图 4-25　合理的排版 1　　　　　　　　　图 4-26　合理的排版 2

　　文字在 App 中要传达信息与思想，引导用户操作，如果一段文字的大小、粗细、间距、行距都没有一个"主次逻辑"，用户很难安下心去读，更不用说挖掘到自己想要的信息。不论界面的设计风格是怎样的，文字排版不只是从下拉菜单中选择字体和字号，文字的每个细节都可以决定一个设计要传达的思想的主次。因此，在版式设计时应注意以下 6 个方面。

　　（1）使用适合阅读的字号。

　　文字大小与使用者屏幕大小、使用距离有关，清楚了解使用者使用的环境与习惯后，首先要选择适当的字号，其次要留足空间，字间距应小于行间距。

　　（2）选用适当的字体。

　　每种字体都散发独特的情感或个性，或是严肃、或是新颖、或是亲近、或是可爱活泼，所以要判断某种字体适不适合放在设计中的方法之一就是列出希望设计呈现的特点，如果能先确定内容会更好，这样就能直接挑选字形来配合内文的调性。

　　（3）设定恰当的行宽。

　　太挤的文字内容在换行时，眼睛不容易找到下一行的起点，不利于阅读。行宽是一行文字的长度。众所周知，舒适阅读的理想行宽是 65 字符左右。行宽产生的物理长度取决于字体的设计、字间距（见下文）和使用的具体文字。在桌面端浏览器中，65 字符很难触及边缘，但在移动设备上，65 字符（以看得清为标准）会超出浏览器的边界。所以，在移动设备上，必须得缩小行宽。

　　移动端设备上并没有普遍认可的行宽标准。传统上，报纸或杂志上每个窄列都会趋向于39 字符。

图 4-27　版式设计 1

　　（4）设定恰当的段距。

　　清楚的段落区分，可以让读者清楚地了解现在正在阅读的段落。

　　（5）注意段落的宽度。

　　注意文字最后显示的设备大小，太宽或太窄的段落宽度都会造成阅读上的困难。

　　（6）清楚地区分标题与内文。

　　使用对比的方式（如颜色、大小、位置）将内文与标题清楚地区分开来。

　　在界面设计过程中，需要考虑为不同的信息结构提供相匹配的布局。布局方案不是唯一的，巧妙融合各种版式可以增强页面内容的可读性、易用性和体验感，也便于将内容分类显示，如图 4-27～图 4-29 所示。

图 4-28　版式设计 2

图 4-29　版式设计 3

4.3 版式设计案例分析

　　在前面的内容中，介绍了典型的版式类型及它们的优缺点。在实际的设计中，设计师通常根据页面的信息结构、功能框架与交互目标，将多种版式进行融合，发挥其各自优点，以此提升界面的可用性和体验感。下面，就以一款迎新生小程序的设计为例（这款小程序的动态演示在图 1-12）分析它的版式布局。

　　在界面设计阶段，首先进行了低保真模型的设计，如图 4-30 所示，然后通过简单的可用性测试进行页面修正，并绘制了高保真模型，如图 4-31 所示。

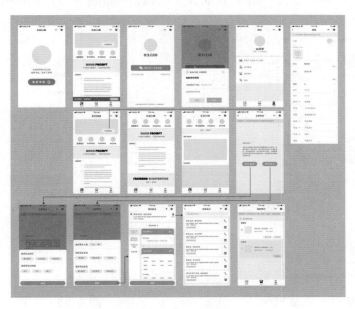

图 4-30　低保真模型

图 4-31　高保真模型

　　可以看到，这款小程序是以瀑布流式和弹出框式布局为主。在报到流程页面中采用瀑布流式的布局显示温馨提示、新生接待处、新生报到处、新生攻略 4 个模块的全部信息，同时又结合宫格式布局，将 4 个模块的图标放置在页面上方，方便点击并直接到达相关位置，如图 4-32～图 4-35 所示。在新生报到处和新生攻略模块，又采用了旋转木马式布局，以方便用户在有限的区域内通过水平滑动查看更多信息，如图 4-36 和图 4-37 所示。

图 4-32　首页—温馨提示

图 4-33　首页—新生接待处

图 4-34　首页—新生报到处

图 4-35　首页—新生攻略

图 4-36　新生报到处局部

图 4-37　新生攻略局部

在这款小程序中，需要在页面中选择、输入大量的信息，而为了减少页面的跳转层级和数量，采用了弹出框式布局，方便用户使用，提升可用性和体验感，如图 4-38～图 4-40 所示。

图 4-38　登录

图 4-39　预约时间

图 4-40　预约大巴

在预约大巴时间和新生攻略的专业问答部分还采用了抽屉式布局，在保持与页面融合良好的前提下，为用户提供了更多的展示信息与查阅的便利，如图 4-41 和图 4-42 所示。

在我的预约页面，为了方便用户查看预约信息，采用卡片式布局，简单、清晰地展示预约历史信息，如图 4-43 所示。

图 4-41　预约时间选择　　　图 4-42　专业问答　　　图 4-43　我的预约

研讨类课题

"故宫展览"是一款在指尖上感受故宫的 App。360°的全景让用户可以近距离感受故宫展览内的每一件艺术品，并且还能获取它们的详细信息，深度体验传统艺术与宫廷文化的丰富内涵。

下载并体验"故宫展览"App，分析其构成要素和版式布局，探讨如何通过版式设计及新技术更好地推广云展览与传统文化。

设计思考

归纳常用版式的特点及适用范围。

第5章

移动端界面图标与组件设计

5.1 认识图标

图标是具有指代意义的图形符号，具有高度的浓缩性，并可快捷地传达信息、便于记忆。一个终端应用的功能、目标群体、个性风格等可以从图标上看出来。由此，图标语义设计如果达不到清晰、准确、易懂，那么就会需要用户去思考及判断，无形中增加了用户的认知负荷和错误操作的概率，从而引起不愉快的体验。下面从移动端程序中的图标类型、图标设计形式、图标设计规范、图标设计应注意的问题4个方面进行讲解。

5.1.1 图标类型

图标是界面传递信息、引导操作的主要内容之一。随着智能产品的大力发展，触屏界面操作方式在人们生活中的地位越来越重要，加之各种各样的应用程序层出不穷，导致图标的数量也在迅猛增长，形状、风格也千差万别。通常情况下，根据图标的用途可将其分为两大类型：启动图标和功能图标。

在前面章节中已经认识了启动图标，启动图标是应用软件的主要入口，具有唯一性，能直接引导用户下载并使用应用程序，如图5-1所示。

功能图标没有一个官方的定义，通常可认为，在移动端程序界面中，传达并具有使用功能含义的图标就是功能图标。不同于启动图标，一个程序中包含的功能图标数量相对较多，同时不同软件程序的功能图标可以相似，甚至相同。功能图标具有传达信息的高度浓缩性、形态抽象简洁、易于理解的特点（如图 5-2 所示）。

图 5-1　启动图标

图 5-2　功能图标

5.1.2　图标设计形式

在具体的设计中，由于图标的作用不同，启动图标与功能图标的设计形式也不尽相同。

1. 启动图标

通常启动图标要求设计的唯一性，其形式多样，常见的表现形式有文字类，如图 5-3 所示，豆瓣、知乎、头条等应用程序的启动图标就采用中文文字；图形类，如图 5-4 所示，贝壳找房、懂车帝、西瓜视频等应用程序的启动图标采用的是图形化设计；插画类，如图 5-5 所示，飞猪旅行、百度地图、微信等应用程序的启动图标采用的就是插画或者场景的设计方式；拟物类，如图 5-6 所示，美颜相机、游戏中心、通话等应用程序的启动图标就是借鉴自然中的实物产品而设计的；主题类，如图 5-7 所示，这类图标通常是设定某一主题，围绕主题而展开的系列启动图标的统一设计。

图 5-3　文字类图标

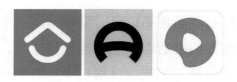

图 5-4　图形类图标

图 5-5　插画类图标

图 5-6　拟物类图标

图 5-7　主题类图标

2.　功能图标

功能图标要求语义表达的直接性、形态的简洁与抽象性，常见的表现形式主要有线性和填充性两种。

线性功能图标采用线作为造型手法，以轮廓设计为主，造型简约、概括。在具体的设计中，可以对线的特性进行相应的变化，例如，粗细、闭合性、双色线性等，如图 5-8 所示。填充性功能图标采用点、面作为造型手法，具有体积感。在具体的设计中，可以对填充颜色的数量、填色类型、绘制风格进行变化，例如，单色、渐变色、双色、拟物风格等，如图 5-9 所示。

065

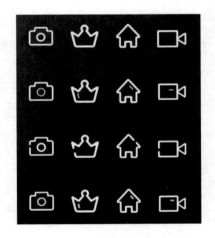

图 5-8　线性功能图标

图 5-9　填充性功能图标

5.1.3　图标设计规范

图标设计规范通常是指移动端程序设计需要遵循的尺寸规范，不同类型的图标由于所处位置、作用的不同，其尺寸要求也不一样。同时，由于移动产品的品牌、系统、屏幕尺寸、技术的不同，其规范也大不相同。图 5-10 是现行的 iOS 系统和 Android 系统的启动图标设计规范，图 5-11 是 iOS 系统和 Android 系统的功能图标设计规范。

倍率	iOS	Android
@1x	60px	48px
@2x	120px	96px
@3x	180px	144px
@4x	240px	192px

启动图标

图 5-10　启动图标设计规范

类型	iOS	Android
最小图标	24px	24px
较小图标	32px	32px
一般图标	36px	36px
大图标	44px	44px
最大图标	64px	64px

功能图标

图 5-11　功能图标设计规范

5.1.4　图标设计应注意的问题

1. 隐喻设计

隐喻设计就是使用隐喻形象。在图标设计中隐喻是必要的思维方法，特别是在对抽象事物进行理解和表述的过程中起重要作用。在具体设计中，设计师要先对抽象概念先进行描述，然后提取出关键词，再根据关键词找出事物与所指概念之间的内在含义。例如，从音乐这个概念可以联想到乐器，由乐器可以联想到乐谱，由乐谱可以联想到乐符。那么乐符的图形就是音乐这一抽象概念的隐喻形象，如图 5-12 和图 5-13 所示。

图 5-12　网易云音乐

图 5-13　图标隐喻

2. 慎用颜色

不要过多使用颜色，过多的颜色种类和细节会影响图标的显示速率，使画面显得杂乱。过多的颜色也会使设计显得没有主次之分，如图 5-14 所示。恰当的配色，可以突出图标的主题，给予用户视觉上的享受，如图 5-15 所示。

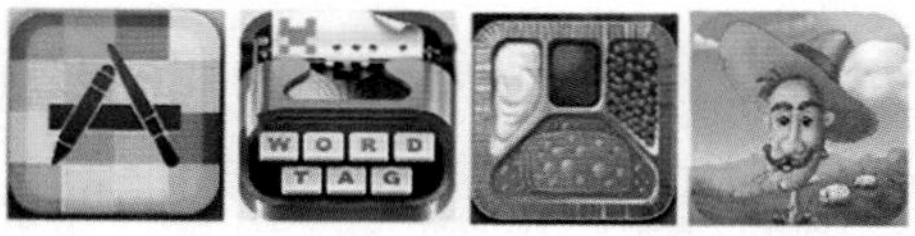

图 5-14　慎用颜色

066

图 5-15 合理配色

3. 简洁、一致

简洁性是指避免过多的图形组合。在设计时仅需要提炼最易识别的部分，避免过多的细节，避免图形多次重复堆叠，如图 5-16 所示。

图 5-16 简洁性

一致性是指在单一程序中的一系列图标，尤其是功能图标的透视角度、设计类型、色彩、细节等各方面都要保持一致，如圆角半径、镂空间距、线条粗细等方面，如图 5-17～图 5-19 所示。

图 5-17 透视角度一致

图 5-18 设计类型一致

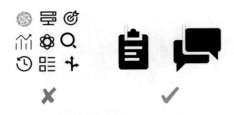

图 5-19 细节一致

4. 准确传递信息

如图 5-20 所示，图中红框标示的两个图标造型相似，含义表达不明确，对用户认知造成混淆。同时，这个 App 界面图标只有图形而没有文字，用户看到这个界面的第一感觉是图标多，且没有几个图标是能够被快速读懂的。

图 5-20　信息传达不清晰

在设计图标，尤其是设计功能图标时，需要功能语义准确，图标的信息能准确地被读懂，要尽量使用用户常见的、约定俗成的符号、图像。如果很难用图标准确表达，可以使用"图标+文字"的形式或者直接采用文字。

5. 质感的表现

在图标设计中，可以适当地采用质感表现的手法丰富界面视觉层次，提升美感，吸引用户。常用的质感表现有玻璃透明质感、塑料亚光质感、金属质感等。

玻璃透明质感精致通透、细腻美观。在绘制时多使用清新透亮的颜色，并合理利用高光阴影，就可以呈现出通透轻盈的感觉，如图 5-21 所示。

图 5-21　玻璃透明质感图标

塑料哑光质感素雅质朴、清晰明了。绘制塑料哑光质感图标时，多选用添加了灰度的色彩，并采用轻微的颜色渐变，效果如图 5-22 所示。

图 5-22 塑料哑光质感图标

金属质感风格硬朗、光感变化强烈，内含细节。绘制金属质感图标时，通常采用白色和深灰色两个反差强烈的颜色形成渐变，并反复叠加，效果如图 5-23 所示。

木质感具有明显纹理，质感强烈。木质感图标独有一种厚重感，在制作时最需注意的就是木纹理的细节表现，效果如图 5-24 所示。

图 5-23 金属质感图标   图 5-24 木质感图标

5.2 认识组件

在移动端界面中，除了图标，还有很多其他的组件，例如，导航栏、提示栏、搜索栏、标签栏等。下面就具体地认识一下这些常用组件及其设计规范。

5.2.1 组件类型

组件是界面的基础元素，从字面上解释，组件就是组成界面的部件。组件的存在就是为了帮助用户更好地使用产品，功能无疑是非常重要的考虑。如果按功能划分，常用组件可归为状态栏、导航栏、工具栏、搜索栏、标签栏、控制键。

状态栏通常是手机系统默认的自带信息显示栏，用来呈现信号、时间、电量等信息，位于整个界面的顶部。导航栏也被称为标题栏，一般会显示标题，也可以放置搜索、分段式控件或者其他功能入口，位于状态栏下方。搜索栏用于搜索内容，辅助用户精准快速地找到所需的信息和功能，通常位于页面上半部，与导航栏邻近。工具栏通常放置用于操作当前页面的各种控键。标签栏让用户在不同的子任务、视图和模块页中进行快速切换。标签栏上一般会有 3～5个图标，若超过 5 个，可以考虑将第 5 个图标用"更多"表示，通常位于页面底部。控制键用于控制产品行为或显示信息，如图 5-25～图 5-27 所示。

状态栏
导航栏
搜索栏

标签栏

图 5-25　界面组件 1

控制键

图 5-26　界面组件 2

工具栏

图 5-27　界面组件 3

5.2.2　组件设计规范

组件设计规范通常是指在界面设计中组件需要遵循的尺寸规范，不同类型的组件由于所处位置、作用的不同，其尺寸要求也不一样。同时，由于移动产品的品牌、系统、屏幕尺寸、技术的不同，其规范也大不相同。现行的 iOS 系统和 Android 系统的组件设计规范见表 5-1。

表 5-1　现行的 iOS 系统和 Android 系统的组件设计规范

规范	iOS	Android
状态栏	44px	24px
导航栏	44px	56px
标签栏	49px	56px
工具栏	44px	56px
HOME	39px	—
单行列表	44px	48/56px
两边安全距离	10/15/20px	10/15/20px

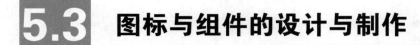

5.3 图标与组件的设计与制作

5.3.1 图标的设计与制作

如图 5-28 所示的方形图标给人一种整洁干净的感觉，比较适合扁平化风格，但缺少变化，给人冷漠感，同时利用方形作底又不容易实现一些细节。方形图标的制作方法如下。

图 5-28 方形图标

071

（1）打开 PS 软件，设置前景色为蓝色（R90、G149、B252）。执行"文件>新建"命令，在弹出的"新建"对话框中设置如图 5-29 所示的参数，单击"确定"按钮，新建文件如图 5-30 所示。

图 5-29 "新建"对话框

图 5-30 新建文件

（2）设置前景色为白色，激活工具箱中的"椭圆"工具，在其属性栏中选择"形状"选项，在画面上绘制 4 个椭圆形，分别调整各自位置，如图 5-31 所示。然后同时选中 4 个图层，右击，在弹出的下拉菜单中选择"转换为智能对象"选项，效果如图 5-32 所示。

图 5-31　绘制椭圆形

图 5-32　转换为智能对象

（3）单击"图层"面板底部的"添加图层样式"按钮，在弹出的对话框中设置如图 5-33 所示的参数，单击"确定"按钮即可。

（4）修改"图层样式"参数，选择添加"渐变叠加"选项，如图 5-34 所示，颜色设置为蓝色到白色的渐变。

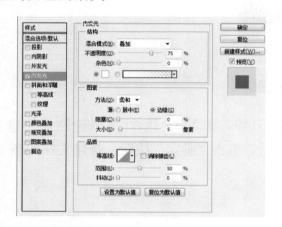

图 5-33　设置"内发光"参数

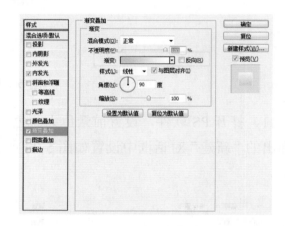

图 5-34　设置"渐变叠加"参数

（5）为当前图层添加阴影，设置如图 5-35 所示的参数，单击"确定"按钮，效果如图 5-36 所示。

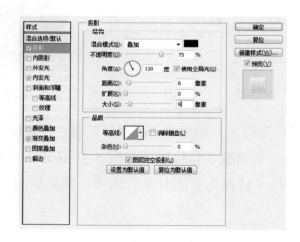

图 5-35　设置"投影"参数

图 5-36　设置参数后的效果

（6）设置前景色为深蓝色，绘制云朵，如图 5-37 所示，绘制几片在白色云朵后面的远景云朵，然后，同时选中绘制的几片云朵，将其转化为智能对象，将图层样式改为"叠加"，调整不透明度为 30%，参数改变后的效果如图 5-38 所示。

073

图 5-37　绘制云朵

图 5-38　参数改变后的效果

（7）激活工具箱中的"文字"工具，在左上角写一个表示温度的数字，用一个圆圈符号表示摄氏度，温度图标如图 5-39 所示，终端展示效果如图 5-40 所示。

图 5-39　温度图标

图 5-40　终端展示效果

圆形图标规整、简约、有约束力，在视觉上看起来更完整，添加动效后会有更多的表现方式。由于移动端设备的显示界面较小，用圆形可以弱化方形轮廓，避免视觉冲突，如图 5-41 所示。

图 5-41　圆形图标

方形和圆形都是场景的形状，其视觉焦点的差别是圆形更聚焦，焦点位于圆心，如图 5-42 所示，而方形的焦点在九宫格的 4 个点上，如图 5-43 所示。

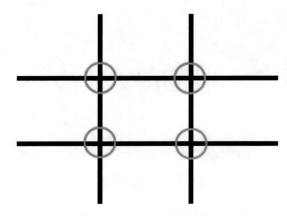

图 5-42　焦点位于圆心　　　　　　　　图 5-43　焦点在九宫格的 4 个点

5.3.2　开关控件制作

如图 5-44 所示为开关控件，其制作方法如下。

图 5-44　开关控件

（1）打开 AI 软件，执行"文件>新建"命令，在弹出的"新建"对话框中设置如图 5-45

所示的参数,单击"确定"按钮。

图 5-45 "新建"对话框

(2)激活工具箱中的"矩形"工具,在画面中单击,在弹出的对话框中设置相应参数,如图 5-46 所示,单击"确定"按钮,绘制一个圆角矩形,并填充颜色:R159、G159、B160,效果如图 5-47 所示。

图 5-46 设置圆角矩形参数

图 5-47 绘制的圆角矩形

(3)执行菜单"对象>路径>偏移路径"命令,在弹出的对话框中设置相应参数,勾选"预览"选项,将内部的圆角矩形 A 的颜色变为白色,如图 5-48 所示。

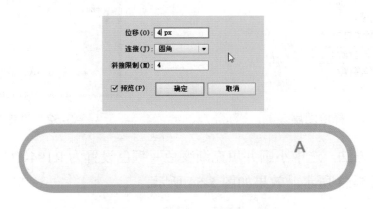

图 5-48 偏移参数设置及效果

（4）复制圆角矩形 A 为圆角矩形 B，将圆角矩形 B 向内拖至中间位置，填充颜色设置为 R201、G201、B202。然后再绘制一个宽为 70px，高为 25px，圆角半径为 35px，填充颜色设置为 R220、G220、B221 的圆角矩形 C，如图 5-49 所示。

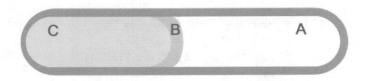

图 5-49　绘制圆角矩形 B、C

（5）激活工具箱中的"椭圆"工具，按住 Shift 键绘制一个圆，填充颜色设置为 R238、G239、B239，效果如图 5-50 所示。

图 5-50　绘制圆

（6）在图层面板中单击倒三角按钮，弹出的下拉菜单如图 5-51 所示，选择"释放到图层（顺序）"选项，然后将其导出生成".psd"格式文件（防止生成一个图层）。

（7）在 PS 中打开该文件，以圆角矩形 A 所在图层为当前图层，做线性渐变填充（渐变色设置为 R231、G227、B220 至 R247、G245、B243），如图 5-52 所示。

图 5-51　释放图层

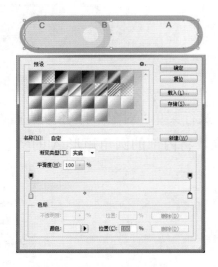

图 5-52　设置渐变色

（8）采用同样的方法，选中小圆并填充渐变色（颜色设置为 R194、G192、B190 至 R214、G214、B214），如图 5-53 所示，效果如图 5-54 所示。

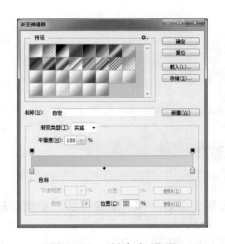

图 5-53　渐变色设置

图 5-54　填充渐变色后的效果

（9）执行"图层样式"命令，在弹出的对话框中设置相应参数，单击"确定"按钮，如图 5-55 所示。

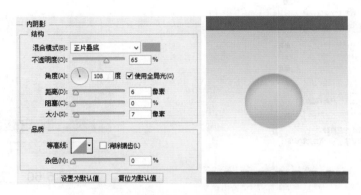

图 5-55　小圆内阴影设置与效果

（10）以按钮（圆角矩形 C）为当前图层，在"图层样式"对话框中分别设置"描边"参数（如图 5-56 所示）、"渐变叠加"参数（如图 5-57 所示）。描边颜色设置为 R148、G136、B127 至 R194、G192、B190 至 R216、G214、B212，将"渐变叠加"参数的渐变颜色设置为 R148、G136、B127 至 R194、G192、B190 至 R216、G214、B212，单击"确定"按钮，效果如图 5-58 所示。

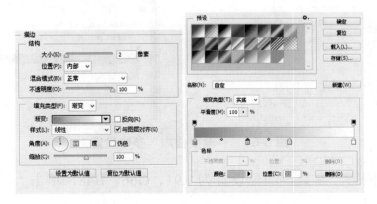

图 5-56　"描边"参数设置

图 5-57　"渐变叠加"参数设置

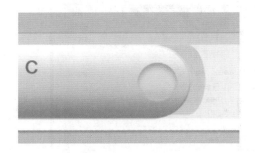

图 5-58　设置"描边"和"渐变叠加"参数后的效果

（11）如图 5-59 所示，继续设置"投影"参数，投影颜色设置为 R91、G66、B48，单击"确定"按钮，效果如图 5-60 所示。

图 5-59　"投影"参数设置

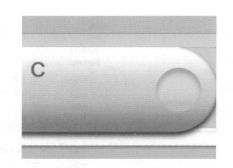

图 5-60　投影效果

（12）在图层面板选中矩形 A 所在图层并设置为当前图层，在"图层样式"对话框中设置"渐变叠加"参数，如图 5-61 所示，渐变颜色设置为 R242、G139、B0 至 R231、G83、B0 至 R219、G117、B0。

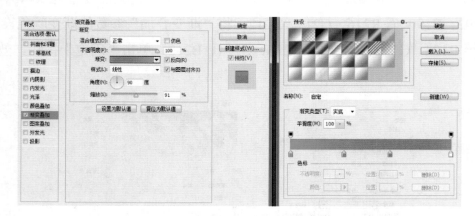

图 5-61　"渐变叠加"参数设置

（13）设置"内阴影"参数，颜色设置为 R91、G66、B48，单击"确定"按钮，效果如图 5-62 所示。

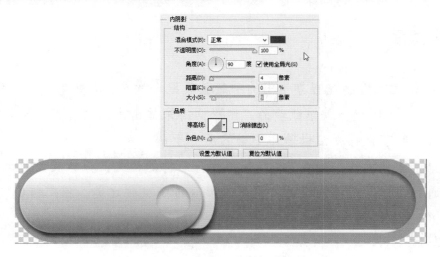

图 5-62 "内阴影"参数设置及效果

（14）选中最外层深灰区域，在"图层样式"对话框中分别设置"渐变叠加"参数（渐变颜色设置为 R208、G208、B208 至 R255、G255、B255）、"投影"参数（颜色设置为 R91、G66、B48），如图 5-63 和图 5-64 所示，单击"确定"按钮，效果如图 5-65 所示，此时"图层"面板如图 5-66 所示。

图 5-63 "渐变叠加"参数设置

图 5-64 "投影"参数设置

图 5-65 最终效果

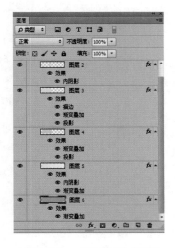

图 5-66 "图层"面板

 研讨类课题

　　"每日故宫"是故宫博物院官方推出的一款独具纪念意义、历史意义及文化意义的App。"每日故宫"App每日甄选一款馆藏珍品，邀您同游宋元山水，共访都城别苑，探寻皇家日常那些令人惊叹的细节，感受传世珍品不竭的历史生命。

　　下载并体验"每日故宫"App，提取其图标与组件的样式，分析其设计创意、形式与风格，探讨如何通过图标与组件的设计，更好地展现传统文化之美，推广传统文化。

设计实践

　　在"学习强国"App的"学习文化"模块中的中国建筑、中国医药、中国美术、中国文博、中国武术、中国文字、中国戏曲板块中任选其一，为其设计一系列的页面图标及相关组件，具体要求如下。

① 以Android系统为基础，图标及组件尺寸合理。

② 图标数量不少于5种。

③ 设计方案独具创意，能够充分体现所选内容的特性。

④ 采用软件绘制。

第6章

界面的设计与制作

本章将对移动端界面具备的主要风格进行具体阐述：包括扁平化风格界面的设计与制作、写实化风格界面的设计与制作、卡通绘画风格界面的设计与制作，使读者更好地了解移动端界面的设计与制作。

6.1 扁平化风格界面的设计与制作

扁平化设计是一种极简主义的美术设计风格，通过简单的图形、字体和颜色的组合，来达到直观、简洁的设计目的。扁平化设计风格比较常见于传统媒体，如杂志、公交指示牌等处。随着计算机网络技术的发展，扁平化设计风格越来越多地应用于网站、移动端等人机交互界面，以迎合使用者对信息快速阅读和吸收的要求。

6.1.1 扁平化风格界面的设计

要设计出好的扁平化风格的界面，必须抛弃所有拟物化风格的技巧。如图6-1所示为拟物化设计的主要特点，把这些特点统统扔掉，就是扁平化设计的特征。

扁平化风格的设计追求的是使一切元素极致的简洁、简单，反对使用复杂的、不明确的元素。在设计扁平化风格界面时，特别是在设计图标时，应该遵循极简原则。复杂的、含义模糊的元素将会给使用者造成困扰，这与扁平化风格的简洁、简单的总原则是相违背的。

扁平化风格具体表现在去掉了多余的透视、纹理、渐变及具有3D效果的元素，这样可以让"信息"本身重新作为核心被凸显出来。尤其是手机的操作系统呈现了更少的按钮和选项，这样使得UI界面变得更加干净整齐，使用起来格外简洁，从而带给用户更加良好的操作体验。因为可以更加简单直接地将信息和事物的工作方式展示出来，所以可以有效减少认知障碍，扁平化设计风格与拟物化设计风格的对比效果如图6-2所示。

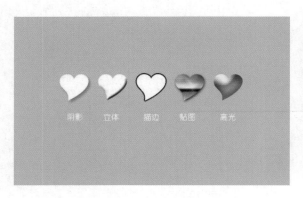

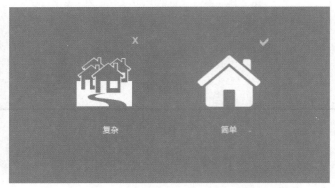

图 6-1　拟物化设计风格的特点　　　　图 6-2　扁平化设计风格与拟物化设计风格的效果对比

扁平化风格设计的优点如下。

（1）降低移动设备的硬件需求，延长待机时间。

（2）可以更加简单直接地将信息和事物的工作方式展示出来，减少认知障碍的产生。

（3）随着网站和应用程序在许多不同屏幕尺寸的平台上使用，设计正朝着更加扁平化的方向发展，这样可以一次保证在所有尺寸的屏幕上看起来都会很好看。扁平化设计除了更简约、条理清晰，最重要的一点是，有更好的适应性。

6.1.2　移动端扁平化风格界面的制作

如图6-3所示的扁平化风格界面的制作方法如下。

（1）打开 PS 软件，执行"文件>新建"命令，在弹出的"新建"对话框中设置画布大小为 640px×1136 px，单击"确定"按钮，新建文档如图6-4所示。

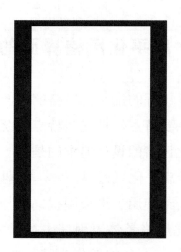

图 6-3　扁平化风格界面效果　　　　　　　图 6-4　新建文档

（2）创建基本的后台结构，共有 3 个区域：顶部栏、主内容区和底部的细节区域。首先绘制顶部栏，设置前景色为 R25、G34、B42，激活工具箱中的"矩形"工具，在其属性栏中选择"形状"选项，创建一个大小为 640px×120px 的矩形，并将其放置在顶部，顶部栏如图 6-5 所示。

图 6-5　顶部栏

（3）在"图层"面板中，单击"图层"面板底部的"添加图层样式"按钮，在弹出的下拉菜单中选择"投影"选项，在弹出的"投影"对话框中设置如图 6-6 所示的参数（投影颜色设置为 R43、G54、B66），单击"确定"按钮，投影效果如图 6-7 所示。

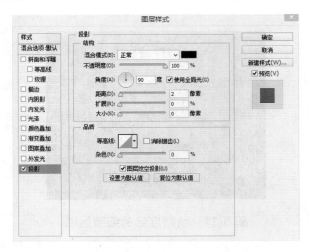

图 6-6　"投影"对话框　　　　　　　　　　　图 6-7　投影效果

（4）创建主内容区。用步骤（3）中的操作方法，设置前景色为 R34、G44、B54，激活"矩形"工具，创建大小为 640px×680px 的矩形，绘制的主内容区如图 6-8 所示。设置如图 6-9 所示的"阴影"参数，单击"确定"按钮，主内容区域效果如图 6-10 所示。

（5）创建底部的细节区域。在主要内容栏下方创建一个 640px×336px 的矩形，绘制的底部的细节区域如图 6-11 所示，填充颜色设置为 R25、G34、B42。在"图层样式"对话框中设置"投影"参数，如图 6-12 所示，单击"确定"按钮，底部的细节区域的效果如图 6-13 所示。"图层"面板如图 6-14 所示，将底部的细节区域所在的图层置于主内容区所在的图层之下。

（6）绘制状态栏，状态栏高度设置为 40px，在其中分别绘制信号、时间和电池并输入文字，绘制的状态栏如图 6-15 所示。

图 6-8　绘制主内容区

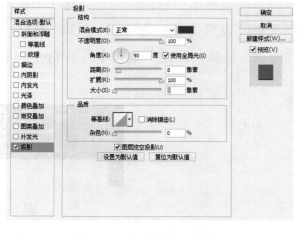

图 6-9　"阴影"对话框

图 6-10　主内容区效果

图 6-11　绘制底部的细节区域

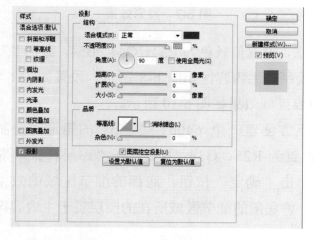

图 6-12　设置"投影"参数

图 6-13　底部的细节区域的效果

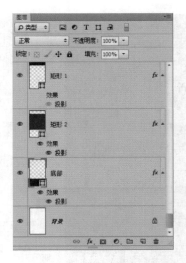

图 6-14 "图层"面板

图 6-15 绘制的状态栏

（7）绘制左导航图标。如图 6-16 所示，按住鼠标左键分别从左、右两侧拖动两根辅助线，使两边各空出 25px 的距离。激活"圆角矩形"工具，绘制 3 个 60px×10px、半径为 10px 的圆角矩形（颜色为 R168、G175、B183）。

（8）绘制主内容区的细节。设置前景色为 R25、G34、B42，激活"椭圆"工具，按住 Shift 键，创建一个 506px×506px 大小的圆作为背景圈（颜色为 R23、G33、B42），并命名该图层为"图层 1"，绘制的背景圈如图 6-17 所示。继续绘制一个大小为 436px×436px 的同心圆，命名为"图层 2"（颜色为 R43、G54、B66）。采用同样的方法绘制一个大小为 385px×385px 的同心圆（颜色为 R33、G44、B53），命名为"图层 3"，如图 6-18 所示。背景圈"图层"面板如图 6-19 所示。

（9）以"图层 3"为当前层，单击"图层"面板底部的"添加图层样式"按钮，在弹出的下拉菜单中选择"内阴影"选项，在弹出的"内阴影"对话框中设置如图 6-20 所示的参数，"内阴影"的颜色设置为 R0、G0、B0。单击"确定"按钮，"内阴影"效果如图 6-21 所示。

085

图 6-16 绘制左导航图标

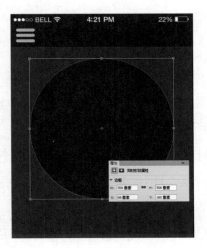

图 6-17 绘制"图层 1"的背景圈

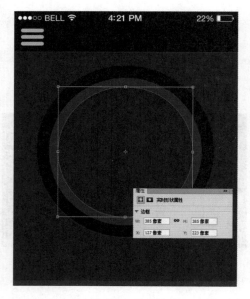

图 6-18　绘制"图层 3"的背景圈

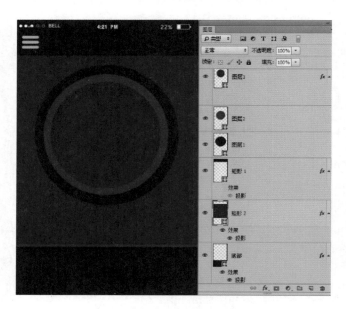

图 6-19　背景圈"图层"面板

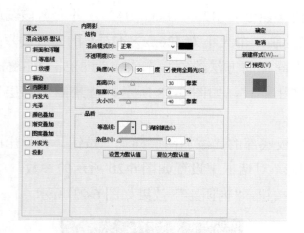

图 6-20　"内阴影"对话框

图 6-21　"内阴影"效果

　　（10）绘制橙色进度指示器。激活"椭圆"工具绘制一个 458px×458px 的同心圆，命名为"图层 4"；在"图层样式"对话框中选择"描边"选项，在弹出的"描边"对话框中设置如图 6-22 所示的参数，单击渐变色条，设置如图 6-23 所示的渐变颜色（R232、G106、B80 至 R235、G141、B121），单击"确定"按钮，"描边"效果如图 6-24 所示。

　　（11）以"图层 4"为当前层，执行菜单"图层>智能对象>转换为智能对象"命令。在"图层样式"对话框中选择"投影"选项，在弹出的"投影"对话框中设置如图 6-25 所示的参数，阴影颜色为 R0、G0、B0，单击"确定"按钮。

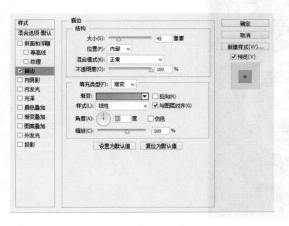

图 6-22　"描边"对话框

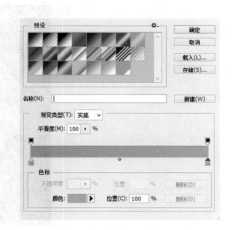

图 6-23　渐变色设置

图 6-24　"描边"效果

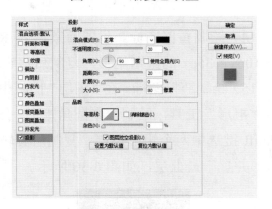

图 6-25　"投影"参数设置

087

（12）绘制橙色进度指示器的百分比。以"图层 4"为当前图层，激活"多边形套索"工具，绘制如图 6-26 所示的选区，执行"图层>图层蒙版>隐藏选区"命令，创建图层蒙版。然后激活"文字"工具，在圆圈中输入"62%""DOWNLOAD"字样，创建的蒙版如图 6-27 所示。

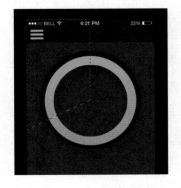

图 6-26　绘制的选区

图 6-27　创建的蒙版

（13）绘制圆形按钮。设置前景色为 R25、G34、B42。激活"椭圆"工具，创建一个 100px×100px 的圆，命名为"图层 5"；绘制另一个 78px×78px 的同心圆，命名为"图层 5A"，颜色设置为 R43、G54、B66。在"图层"面板中选中"图层 5""图层 5A"，复制后平移，绘制的圆形按钮如图 6-28 所示。

图 6-28　绘制的圆形按钮

（14）绘制暂停图标。设置前景色为 R168、G175、B182。激活"圆角矩形"工具，绘制一个 10px×35px 的圆角矩形，复制后将它放在"图层 5"的圆的中心，如图 6-29 所示。

（15）绘制链接图标。在"图层"面板中新建"图层 6"，设置前景色为 R168、G175、B182。激活"矩形"工具，绘制一个圆角矩形，复制后同比缩小，填充颜色为 R44、G54、B66。按住 Shift 键选中两个矩形图层，复制后旋转 180°。激活"圆角矩形"工具，绘制一个 100%圆角矩形并置于最上层，如图 6-30 所示。

图 6-29　绘制的暂停图标

图 6-30　绘制的链接图标

（16）底部的细节区域的绘制。底部的细节区域分为 3 行。首先激活"矩形"工具，绘制一个高为 108px 的正方形，命名为"下 1"图层。双击该"图层缩略图"更改颜色，颜色设置为 R25、G34、B42。

（17）在"图层"面板中，右击"下 1"图层，在弹出的下拉菜单中选择"混合选项"选项，在弹出的对话框中设置如图 6-31 所示的"投影"参数，阴影颜色设置为 R43、G54、B66，单击"确定"按钮。

（18）复制"下 1"图层并命名新图层为"下 2"图层，将其置于"下 1"图层的下方。继续复制"下 1"图层，将新图层命名为"下 3"图层，置于"下 2"图层的下方，三个图层如图 6-32 所示。

（19）创建下载图标。激活"椭圆"工具，创建一个 50px×50px 的圆，命名为"圈 1"，效果如图 6-33 所示，将其置于"下 1"图层之上。

（20）单击"图层"面板底部的"添加图层样式"按钮，在弹出的下拉菜单中选择"描边"

选项，在弹出的对话框中设置如图 6-34 所示的参数，颜色设置为 R235、G108、B77，单击"确定"按钮。

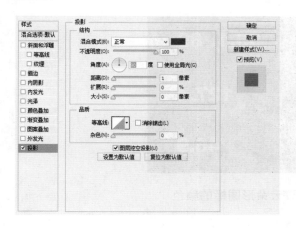

图 6-31　设置"投影"参数

图 6-32　三个图层

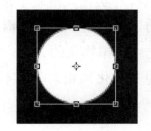

图 6-33　绘制的下载图标

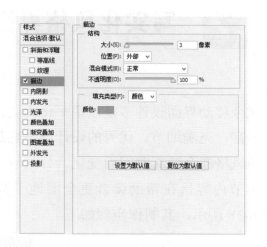

图 6-34　设置"描边"参数

（21）取消"下 1"图层的填充颜色，执行"图层>智能对象>转换为智能对象"命令。激活"多边形套索"工具，在"下 1"图层绘制如图 6-35 所示的选区，然后执行"图层>图层蒙版>隐藏选区"命令。

（22）激活"椭圆"工具，绘制两个圆及一个圆角矩形，合并后填充颜色，颜色为 R235、G108、B77，形成云朵形图标，然后绘制箭头图案，如图 6-36 所示。

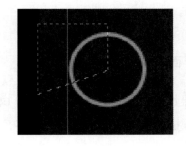

图 6-35　绘制选区

图 6-36　绘制的云朵形图标

（23）激活"文本"工具，输入相关文字内容，将云朵形图标的颜色改为 R91、G103、B105，效果如图 6-37 所示。

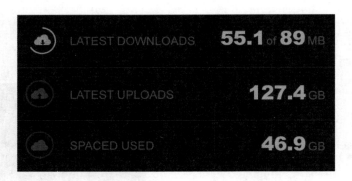

图 6-37　输入文字并修改云朵形图标的颜色

6.2 写实化风格界面的设计与制作

现今移动界面设计多是以扁平化为主，写实化风格的较少。写实化风格属于拟物化的一种，画面丰富，充满细节。优秀的设计师是熟悉精通多种风格的。用户是多样的，需求是多种的，流行的风格亦会随着时间而变化。好的设计不会只是扁平化或者拟物化的。

本节内容旨在帮助读者更全面地了解移动界面设计的多元化风格。写实化风格的界面如图 6-38 所示，其制作步骤如下。

图 6-38　写实化风格的界面

（1）打开 PS 软件，执行"文件>新建"命令，在弹出的"新建"对话框中设置画布大小为 700px×1200px，单击"确定"按钮，新建文档。执行"视图>显示>网格"命令，打开"网格"即可。

（2）设置前景色为 R146、G80、B22，激活工具箱中的"矩形"工具，在其属性栏中选择"形状"选项，按住鼠标左键创建一个大小为 640px×1136px 的矩形，绘制主体如图 6-39 所示。

（3）保留棕色主体部分。激活"矩形"工具，设置填充颜色为 R226、G160、B102，创建一个大小为 15px×940px 的矩形。右击该"图层"面板上的缩略图，在弹出的快捷菜单中选择"混合选项"选项，在打开的"图层样式"对话框中设置如图 6-40 所示的"图案叠加"参数，单击"确定"按钮，"图案叠加"效果如图 6-41 所示。复制该矩形并移至右边对应位置，左、右对称效果如图 6-42 所示。

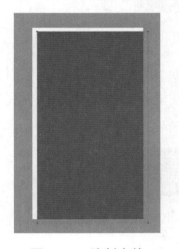

图 6-39　绘制主体

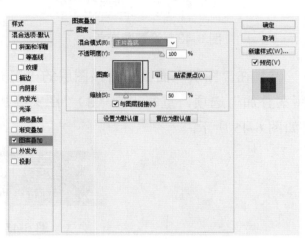

图 6-40　"图案叠加"参数设置

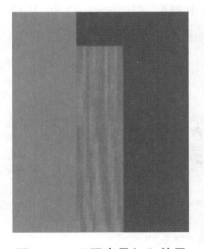

图 6-41　"图案叠加"效果

图 6-42　左、右对称效果

（4）激活"矩形"工具，创建一个大小为 610px×20px 的矩形（无填充）。右击该"图层"面板上的缩略图，在弹出的快捷菜单中选择"混合选项"选项，在打开的"图层样式"对话框中选择"渐变叠加"选项，设置如图 6-43 所示的渐变颜色（R226、G160、B102 至 R206、G140、B82 至 R236、G168、B107 至 R246、G200、B142 至 R236、G168、B107 至 R166、G100、B42 至 R226、G160、B102），单击"确定"按钮，渐变效果如图 6-44 所示。

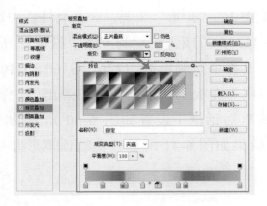

图 6-43　设置渐变色　　　　　　　　　　　图 6-44　渐变效果

（5）在"图层"面板中将该图层的"填充"数值调至 0，在"图层样式"对话框中选择"图案叠加"选项，重复步骤（3）"图案叠加"的操作（混合模式为"正片叠底"），纹理效果如图 6-45 所示。

图 6-45　纹理效果

（6）激活"矩形"工具，创建一个大小为 610px×35px 的矩形（无填充）。在如图 6-46 所示的对话框中选择"渐变叠加"选项（渐变颜色设置为 R216、G150、B92 至 R226、G160、B102 至 R236、G170、B112 至 R226、G160、B102），如图 6-47 所示，编辑渐变色，单击"确定"按钮，渐变效果如图 6-48 所示。

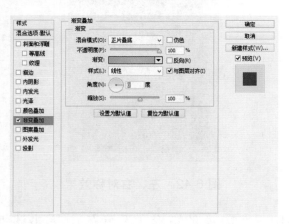

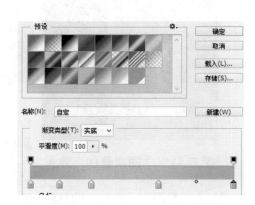

图 6-46　选择"渐变叠加"选项　　　　　　　图 6-47　设置渐变色参数

图 6-48　渐变效果

（7）在"图层"面板中将该图层的"填充"数值调至 0，在"图层样式"对话框中选择"图案叠加"选项，重复步骤（3）"图案叠加"的操作（混合模式为"正片叠底"），叠加效果如图 6-49 所示。

图 6-49　叠加效果

（8）关闭网格并启用像素网格（执行菜单"视图＞显示＞像素网格"命令）。激活"矩形"工具，设置填充颜色为 R186、G71、B21，创建一个大小为 1px×35px 的矩形，绘制红色竖线条，如图 6-50 所示。设置填充颜色为 R224、G150、B95，创建另一个大小为 1px×35px 的矩形，并移动至对应位置，绘制白色竖线条，如图 6-51 所示。

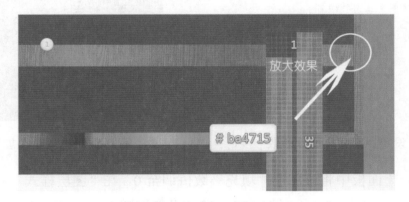

图 6-50　绘制的红色竖线条

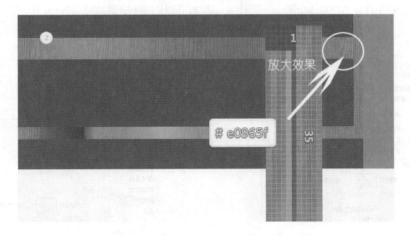

图 6-51　绘制的白色竖线条

（9）合并两个矩形图层并复制，执行菜单"编辑＞转换＞水平反转"命令，然后将图层拖动到左部对称位置，复制两根线条，如图 6-52 所示。

图 6-52　复制的两根线条

（10）启用网格（执行菜单"视图＞显示＞网格"命令）。激活"矩形"工具，设置填充颜色为 R186、G120、B62，创建一个大小为 610px×110px 的矩形。在"图层样式"对话框中选择"图案叠加"选项，设置如图 6-53 所示的参数，单击"确定"按钮，"图案叠加"效果如图 6-54 所示。

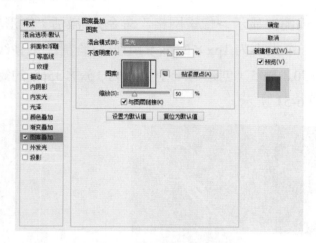

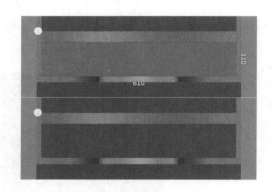

图 6-53　设置"图案叠加"参数　　　　　　　　　图 6-54　"图案叠加"效果

（11）在"图层"面板中将该图层"填充"数值调至 0，在"图层样式"对话框中选择"内阴影""内发光""外发光"和"投影"选项，参数设置如图 6-55～图 6-58 所示，单击"确定"按钮，图层样式效果如图 6-59 所示。至此，基本形状制作完成，下面开始制作内部 4 个面的阴影效果。

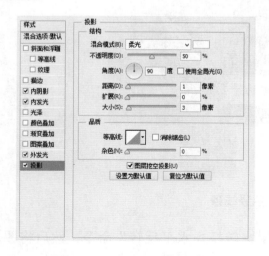

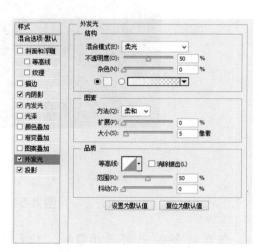

图 6-55　"投影"参数设置　　　　　　　　　　　图 6-56　"外发光"参数设置

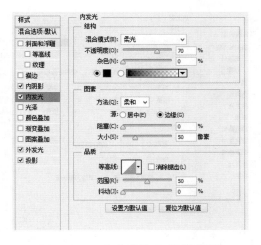

图 6-57 "内发光"参数设置

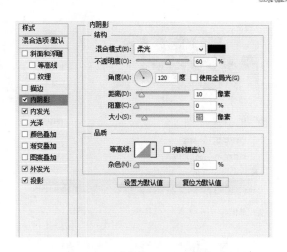

图 6-58 "内阴影"参数设置

图 6-59 图层样式效果

（12）制作左侧面阴影效果。激活"矩形"工具，设置填充颜色为白色，创建一个大小为 10px×110px 的矩形。激活"直接选择"工具，按如图 6-60 所示的步骤图，选择顶部的锚点并向下拖动 5px，选择底部的锚点并向上拖动 10px。在如图 6-61 所示的"图层样式"对话框中选择"内阴影"和"渐变叠加"选项，将渐变色设置为 R135、G56、B16 至 R219、G126、B61，如图 6-62 所示，单击"确定"按钮，并保存渐变叠加所使用的渐变色。

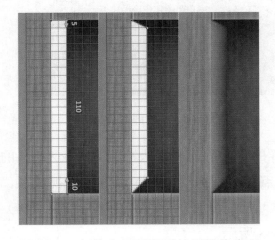

图 6-60 制作左侧面阴影效果操作步骤

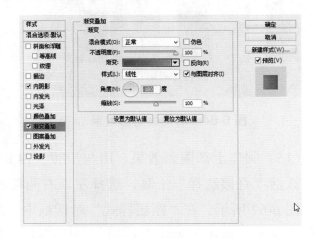

图 6-61 "渐变叠加"参数设置

（13）制作右侧面阴影效果。操作方法同步骤（12），在如图 6-63 所示的"图层样式"对话框中选择"内阴影"选项，单击"确定"按钮，右侧面阴影效果如图 6-64 所示。

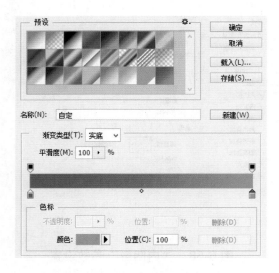

图 6-62　渐变色设置

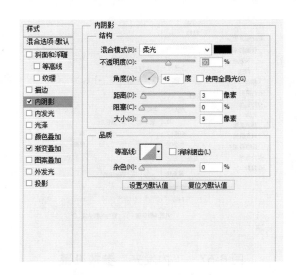

图 6-63　"内阴影"参数设置

（14）制作底部阴影效果。激活"矩形"工具，设置填充颜色为黑色，创建一个大小为 610px×10px 的矩形。激活"直接选择"工具，选择左、右两端的锚点并分别拖动 10px 以调整透视关系，效果如图 6-65 所示。然后在"图层样式"对话框中，选择"渐变叠加"选项，设置如图 6-66 所示的参数，载入保存的渐变色，单击"确定"按钮。

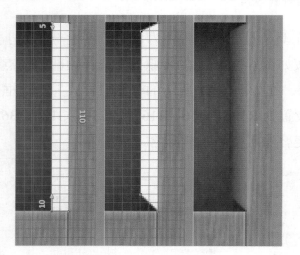

图 6-64　右侧面阴影效果

图 6-65　底部阴影效果

（15）制作上部阴影效果。用与步骤（14）同样的方法创建一个大小为 610px×5px 的矩形。激活"直接选择"工具，选择左、右两端的锚点并分别拖动 10px 以调整透视关系，效果如图 6-67 所示。在"图层样式"对话框中，选择"渐变叠加"选项，设置与步骤（14）中同样的参数，单击"确定"按钮，最终效果如图 6-68 所示。

（16）激活"矩形"工具，设置填充颜色为 R231、G210、B189，如图 6-69 所示，创建一个大小为 610px×610px 的矩形。在"图层样式"对话框中，设置如图 6-70～图 6-73 所示的选项和参数，其中"描边颜色"设置为 R201、G180、B159，单击"确定"按钮。

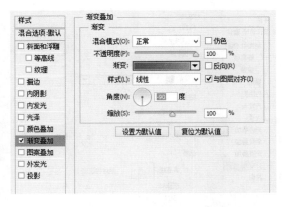

图 6-66 "渐变叠加"参数设置

图 6-67 上部阴影制作

图 6-68 局部效果完成

图 6-69 创建矩形

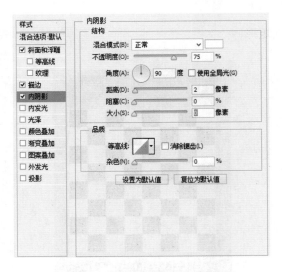

图 6-70 "内阴影"参数设置

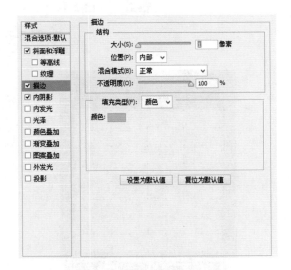

图 6-71 "描边"参数设置

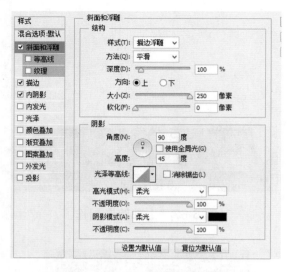

图 6-72 "斜面和浮雕"参数设置

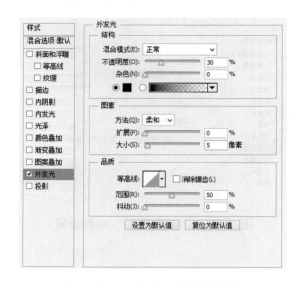

图 6-73 "外发光"参数设置

（17）激活"矩形"工具，设置填充颜色为 R255、G240、B219，创建一个大小为 75px×75px 的矩形，如图 6-74 所示。复制多个矩形后排列成如图 6-75 所示的效果并合并为一个图层。替换颜色为 R255、G240、B219 与 R40、G40、B35，如图 6-76 所示。

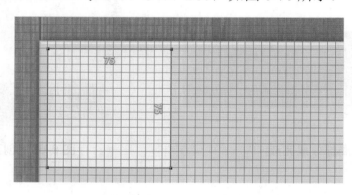

图 6-74 绘制矩形

图 6-75 复制后的矩形的排列效果

图 6-76 替换颜色

（18）分别以合并后的白色、黑色所在图层为当前图层，打开"图层样式"对话框，设置如图 6-77 和图 6-78 所示的参数，单击"确定"按钮。

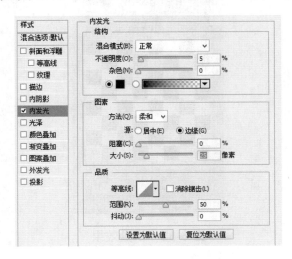
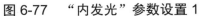

图 6-77 "内发光"参数设置 1

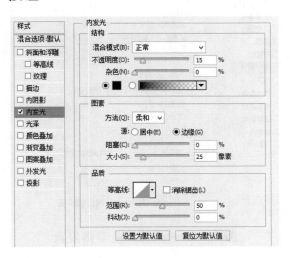

图 6-78 "内发光"参数设置 2

（19）激活"矩形"工具，设置填充颜色为黑色，创建一个 640px×940px 的矩形，如图 6-79 所示。再创建两个 640px×95px 的矩形（颜色设置为 R146、G80、B22），分别放置于黑色矩形的上方和下方。打开"图层样式"对话框，设置如图 6-80 所示的参数，单击"确定"按钮。

图 6-79 绘制矩形

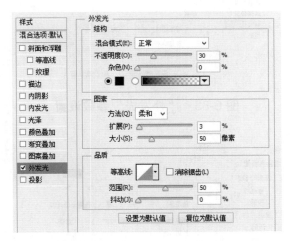

图 6-80 "外发光"参数设置

（20）在"图层"面板中将黑色矩形的"填充"数值调至 0。打开"图层样式"对话框，设置"内发光"参数，如图 6-81 所示。单击"确定"按钮，效果如图 6-82 所示。至此棋盘制作完成。

（21）制作棋子。激活"椭圆"工具，设置填充颜色为 R209、G24、B18，绘制半径为 55px 的圆。打开"图层样式"对话框，设置如图 6-83～图 6-85 所示的参数（"渐变叠加"颜色为 R189、G4、B0 至 R209、G24、B18），单击"确定"按钮，棋子效果如图 6-86 所示。

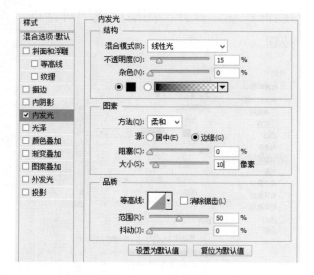

图 6-81 "内发光"参数设置

图 6-82 棋盘效果

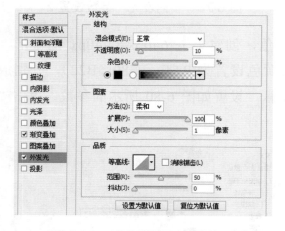

图 6-83 "外发光"参数设置

图 6-84 "渐变叠加"参数设置

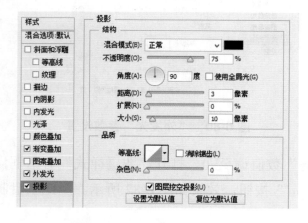

图 6-85 "投影"参数设置

图 6-86 棋子效果 1

（22）激活"椭圆"工具，再绘制一个半径为 45px 的同心圆 A。打开"图层样式"对话框，设置如图 6-87～图 6-89 所示的参数（"渐变叠加"颜色为 R189、G4、B0 至 R209、G24、B18），

单击"确定"按钮，效果如图6-90所示。

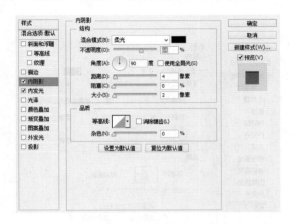

图6-87 "内阴影"参数设置

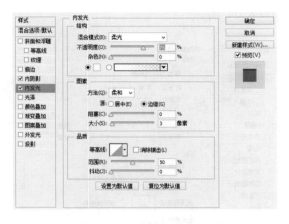

图6-88 "内发光"参数设置

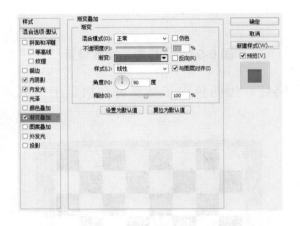

图6-89 "渐变叠加"参数设置

图6-90 棋子效果2

101

（23）绘制一个半径为37px的圆。在图层面板中，右击同心圆A所在的图层，复制该图层样式，效果如图6-91所示。

（24）重复以上步骤直至棋子效果如图6-92所示。

图6-91 棋子效果3

图6-92 棋子效果4

（25）激活"椭圆"工具，设置填充颜色为R189、G4、B0，创建一个半径为7px的圆。

打开"图层样式"对话框，设置如图 6-93 和图 6-94 所示的参数，单击"确定"按钮，棋子效果如图 6-95 所示。

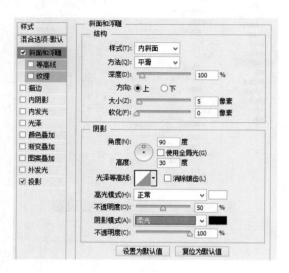

图 6-93　"斜面和浮雕"参数设置

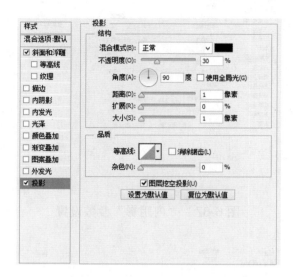

图 6-94　"投影"参数设置

（26）复制棋子并变换颜色为黑色，通过复制将红、黑两色棋子按喜好在棋盘上排列，如图 6-96 所示。

图 6-95　棋子效果 5

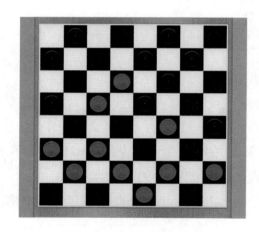

图 6-96　棋子排列效果

6.3　卡通绘画风格界面设计与制作

App 界面视觉设计要求设计师非常明确地传达这个 App 的主旨，即这个 App 是用来做什么的。所以，色彩、图案、形态、布局等的选择必须与 App 的功能、情感相呼应，务必做到一脉相承，零时间传达 App 的概念。

　　近年来，手绘风格的界面设计越来越受到大众的欢迎。如图 6-97 所示为宠物饲养 App 界面设计案例，本案例旨在通过手绘卡通风格界面帮助读者更好、更全面地了解移动界面设计与制作。

图 6-97　宠物饲养 App 界面设计

　　（1）打开 AI 软件，执行"文件>新建"命令，在弹出的如图 6-98 所示的"新建"对话框中，设置画布大小为 600px×600px，背景填充颜色为 R34、G26、B67 的正方形。

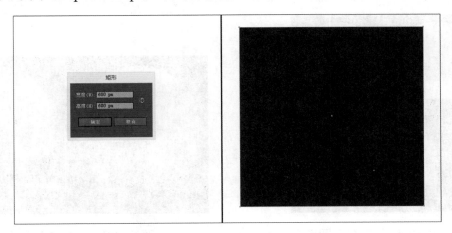

图 6-98　绘制正方形

　　（2）激活"矩形"工具，创建一个大小为 150px×120px 的矩形。执行"窗口>渐变"命令，打开如图 6-99 所示的"渐变"面板，将矩形的颜色设置为浅蓝色（R8、G226、B231）和深蓝色（R57、G68、B132）。

　　（3）激活"直接选择"工具，选择形状的两个底部锚点，如图 6-100 所示，拉动圆角的圆圈标记使之形成完全的圆角，或通过顶部控制面板调整圆角半径。

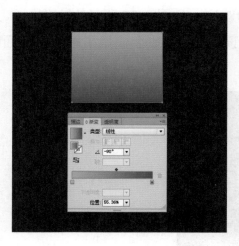

图 6-99　"渐变"面板

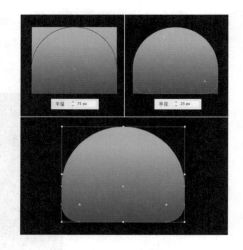

图 6-100　创建圆形

（4）按如图 6-101 所示的步骤制作水母的"敞篷"。

① 激活"椭圆"工具，绘制一个 20px×20px 的小圆形，并以深蓝色线性渐变填充。

② 在圆上右击，在弹出的快捷菜单中执行"排列>后移一步"命令。

③ 激活"选择"工具，按住 Alt+Shift 组合键将形状向右移动，然后按住 Ctrl 键多次单击 D 键，创建更多的小圆。选择所有的小圆形，按住 Ctrl+G 组合键将它们组合在一起。

（5）如图 6-102 所示，激活"弧形"工具，在形状顶部添加笔触。在"颜色面板"中将"笔触颜色"设置为蓝色（R111、G171、B200），并激活"弧形"工具，调整"粗细"为 4。在笔画下方添加一个小圆形，使图像更细致。

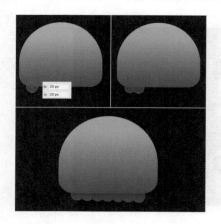

图 6-101　绘制多个小圆形

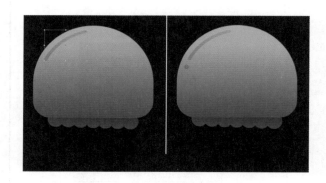

图 6-102　添加笔触和小圆形

（6）激活"椭圆"工具，绘制三个 13px×13px 的深蓝色圆形作为眼睛和鼻子，如图 6-103 所示。选择下面的圆形，激活"剪刀"工具，单击左、右锚点将圆形分开。按 Delete 键删除上半部分，保留下半部分。

（7）如图 6-104 所示，删除半圆填充色，保留轮廓线，在描边中将"粗细"设置为 4pt，并改变"端点""边角"设置，使线条更粗且两端更圆滑，创建鼻子形状。同时在水母面部绘制两个粉色的圆作为腮红。

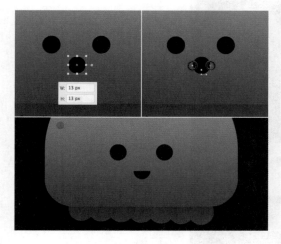

图 6-103　绘制眼睛与鼻子

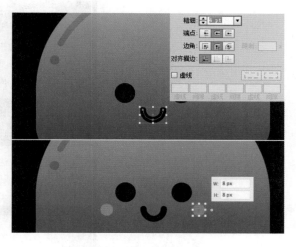

图 6-104　绘制腮红

（8）制作水母的触手。激活"线段"工具，按住 Shift 键绘制垂直线。设置线的宽度为 7px，执行菜单"效果>扭曲变形> 波纹"命令，在弹出的对话框中，设置如图 6-105 所示的参数。打开"预览"框查看效果，单击"确定"按钮。

（9）激活"渐变"工具，打开"渐变"面板填充形状，如图 6-106 所示，设置从顶部的深紫色（R38、G46、B106）到底部的明亮洋红色（R228、G23、B115）的发光线性渐变。单击并拖动触手，同时按住 Alt+Shift 组合键创建副本，然后在按住 Ctrl 键的同时多次按 D 键复制多条波。

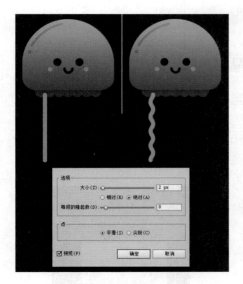

图 6-105　设置波纹线参数

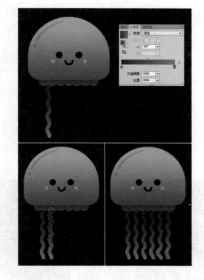

图 6-106　复制曲线

（10）同时选择水母头部与它下面的小圆圈，执行菜单"对象>路径>偏移路径"命令，如图 6-107 所示，将偏移值设置为 5px，单击"确定"按钮。然后在"路径查找器"面板中单击"合并"按钮将它们合并。采用蓝色（R14、G87、B129）至黑色（R10、G8、B19）的线性渐变填充新形状，在"透明度"面板中将"混合模式"设置为"滤色"。

105

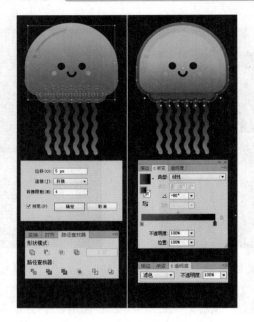

图 6-107　填充渐变效果

（11）在背景中添加一些细节，如气泡和小鱼，使组合看起来更加平衡。激活工具箱中的"钢笔"工具，绘制如图 6-108 所示的形态，颜色填充深蓝（R7、G133、B225）、浅蓝（R11、G144、B245）、深粉（R197、G22、B106）、浅粉（R206、G23、B111）等即可，如图 6-109 所示。

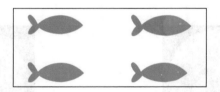

图 6-108　绘制鱼儿

（12）激活"矩形"工具，如图 6-110 所示设置相应参数，填充颜色为深蓝色（R34、G26、B67）。

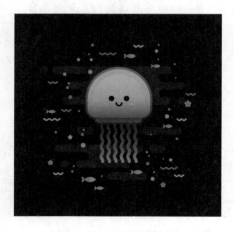

图 6-109　绘制气泡

图 6-110　设置矩形的参数

（13）绘制菜单栏，设置高度为40px，分别绘制信号、时间和电池，效果如图6-111所示。

① 信号的绘制：激活"椭圆"工具，绘制一个圆并填充白色，通过复制得到五个相同的圆。激活"弧形"工具，将"厚度"设置为5px。

② 电池的绘制：激活"矩形"工具，绘制一个矩形，设置圆角角度为 2；再绘制一个小矩形，并填充白色。

图 6-111　绘制菜单栏

（14）绘制底部栏，设置高度为98px。激活"矩形"工具，绘制如图6-112所示的矩形，填充白色，再复制两个矩形并调整其长短，最终效果如图6-97所示。

图 6-112　绘制的底部栏

设计实践

"学习强国"App 是"学习强国"学习平台精心打造的手机客户端，提供了海量免费的图文和音视频学习资源。

以"学习强国"App 中的学习文化模块为主题，以青年为目标群体，设计3～5幅"学习强国"App 引导页面，并通过软件进行绘制。

要求：系统平台为 Android，屏幕分辨率可自拟；色彩协调、构图合理、主题突出。

第 7 章

综 合 案 例

本章将对前面章节所介绍学习的移动端界面设计进行归纳总结，通过对案例的制作，有助于巩固之前所学到的知识点，以及更加清晰地了解移动界面的设计与制作。

7.1 输入法皮肤的设计与制作

本节内容的设置旨在帮助读者通过对输入法皮肤的设计与制作，全面了解不同界面设计的特点，掌握更多元的内容。

软件的界面是软件与用户交互的最直接的窗口，界面设计的视觉呈现效果决定用户对软件的第一印象。输入法作为大家使用电子设备时必不可少的工具，输入法皮肤设计也越来越多样性，人们也有了越来越多的个性化选择。

7.1.1 输入法皮肤设计原则

在设计输入法皮肤时，清晰是首要任务，这涉及字体选择、字号设定、文字和环境对比度设定等，如图 7-1 所示。

（1）字体设计。让用户有效使用，并保证足够明确清晰是字体设计的首要任务。影响清晰的因素是多维度的，其中包括：用哪种字体，字号怎样设定，文字和环境对比度的关系怎样等。

选择字体的时候，至少要满足如下三点：饱满，简洁，字母长宽比与按键相融合。饱满、无衬线的字体清晰简洁，无需花费额外的时间加以辨认，是输入效率保证的基石。

图 7-1　字体效果对比

（2）字号设计。字体确定后，需进行多字号对比尝试，并且针对不同的分辨率都要经过多次尝试适配，同时辅以用户测试，以找到最优选择。最终可选择适当大一些的字号，让字母与背景更好地融为一体，成为一个按键整体，对个别字母还可进行单独调整，以保证每个字母"体量"的一致性。

（3）面板设计。面板的整体色调设计应考虑手机系统、应用场景、按键间对比等诸多方面，以达视觉分层的效果，如图 7-2 所示。

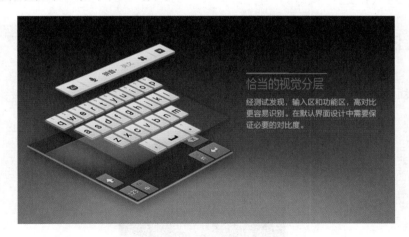

图 7-2　视觉分层

整体面板仅保留了一定程度的色彩倾向，更适应手机系统，能更好地融入各应用场景。延续背景上径向渐变设计，引导视觉焦点，同时保证字母键与功能键一定程度的对比，保证用户快速辨认。

在显示效果上，要对不同的分辨率进行分别考虑。针对低分辨率的机型，进行色调的简化处理；针对高分辨率机型，进行色调的微调，满足细腻的色彩显示，使在不同分辨率下的界面在视觉上看起来一致。

（4）默认面板高度。综合考虑系统、竞品、以往版本的用户的反馈，分别给出默认高度建议值，以及最高、最低调整区间建议。根据线上版本的跟踪数据分析结果，对默认面板的高度

进行优化，以符合更多用户的使用习惯。

（5）行间距优化。针对单击按键落点区域进行测试，测试得出结论为：用户单击按键的落点位置整体偏下。如果实际单击的位置，比用户心里预期的单击位置整体偏下，那么在设计时可增加行间距，从视觉上引导用户单击位置上移，提高实际落点，减少误点下一行按键的概率，有效提高输入的准确率。

（6）输入界面一致性规范。对于输入法产品来说有很多在一般 App 中并不存在的特殊功能，例如，面板切换、输入方式切换、全键盘、拇指键盘等。因此，形成输入法产品特有的图标体系是非常必要的。

（7）图标一致性规范。启用全新界面的同时对原有图标体系进行优化，根据产品特性采用面性图标为主，线性图标为辅的原则，同时对图标圆角、线条宽度等进行规范。

（8）语意优化。保证图标一致性是第一步，正是由于输入法产品图标的特殊性，对于语意层面的提炼亦变得很重要。对于用户难以理解的图标进行优化，通过多种效果尝试并配合用户可用性测试的形式进行验证，确定方案，迭代上线。

对于输入法产品，用户选择的第一要素是效率，一切影响这一点的设计都不是好的设计。根据产品特性进行设计是必须的，但不能只跟随设计潮流，时刻将设计趋势和产品特性进行结合，并以数据验证为依据进行设计才是王道。

7.1.2 输入法界面设计案例解析

输入法界面设计效果如图 7-3 所示，具体制作方法如下。

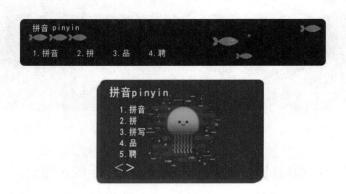

图 7-3　输入法界面设计效果

（1）在 PS 软件中执行"文件>新建"命令，在弹出的对话框中设置画布大小为 600px×600px，单击"确定"按钮。

（2）打开"图层"面板，新建"图层 1"。激活"矩形"工具，选择其中的"圆角矩形"工具，设置前景色为 C95、M100、Y56、K34，在其属性栏中选择"像素"选项，绘制一个 500px×80px、圆角半径为 10 的矩形，效果如图 7-4 所示。

图 7-4　圆角矩形

（3）激活工具箱中的"钢笔"工具，绘制鱼的图案，颜色分别填充为深蓝（C80、M43、Y0、K0）、浅蓝（C77、M38、Y0、K0）、深粉（C22、M97、Y29、K0）、浅粉（C16、M96、Y24、K0），效果如图 7-5 所示。

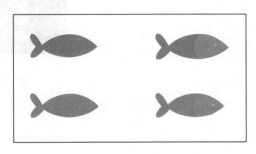

图 7-5　绘制鱼的形态

（4）调整鱼形图案的大小与位置。激活工具箱中的"文本"工具，在其属性栏中选择恰当的字体（本案例字体为黑体），在画面中输入相应文字。然后将文字与鱼形图案组合，适当调整位置，效果如图 7-6 所示，打字栏设计完成。

（5）新建"图层 2"，激活工具箱中的"圆角矩形"工具，用同样的方法绘制一个圆角矩形，尺寸设置为 350px×230px。将第 5 章案例中绘制的水母造型复制至该文件中。新建"图层 3"，填充浅灰色（依据设计需要），设置不透明度为 20%，效果如图 7-7 所示，合并"图层 2"与"图层 3"为"图层 2"，文字输入区设计完成。

（6）激活工具箱中的"文本"工具，在画面中输入相应文字，效果如图 7-8 所示。

111

图 7-6　输入文字 1

图 7-7　绘制文字输入区

图 7-8　输入文字 2

（7）以"图层 2"为当前层，执行"图层>图层样式>投影"命令，在弹出的如图 7-9 所示的对话框中设置参数，单击"确定"按钮，效果如图 7-10 所示。

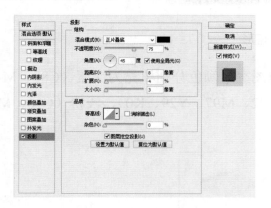

图 7-9　"投影"对话框　　　　　　　　　　图 7-10　投影效果

7.2　App 界面设计与制作

本案例以 iPhone 6 的显示尺寸（750px×1334px）为标准，设计一个如图 7-11 所示的 App 界面，并利用 AI 软件制作完成，具体制作方法如下。

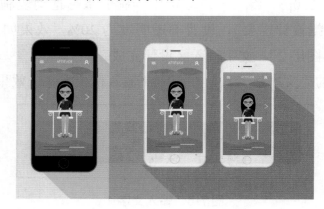

图 7-11　App 界面设计效果

（1）在 AI 中执行"文件>新建"命令，在弹出的"新建"对话框中设置画布大小为 750px×1334px，单击"确定"按钮。

（2）激活工具箱中的"椭圆"工具，绘制一个椭圆。为使头部具有不规则的自然形状，执行菜单栏"效果>变形>膨胀"命令，并输入参数调整（弯曲：-25%；水平：0%；垂直：-20%），效果如图 7-12 所示。

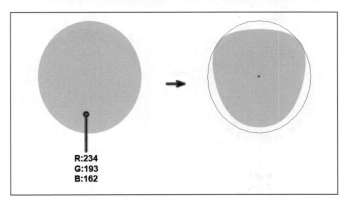

图 7-12　绘制头部

（3）绘制顶部头发。激活"椭圆"工具，绘制两个黑色椭圆。激活工具箱中的"直接选择"工具，通过调整锚点的手柄创建所需的形状，效果如图 7-13 所示。

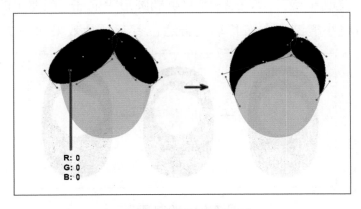

图 7-13　绘制顶部头发

（4）绘制长发。激活工具箱中的"椭圆"工具，创建另一个黑色椭圆。执行菜单栏"效果＞变形＞膨胀"命令，设置如图 7-14 所示的参数，单击"确定"按钮。在椭圆形上右击，在弹出的快捷菜单中执行"排列＞置于底层"命令，将椭圆形放置在底层，并改变其形状，使其成为长发的样子。

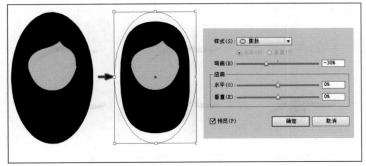

图 7-14　绘制长发

（5）绘制发带。激活工具箱中的"椭圆"工具并创建两个圆，并使它们重叠。选中两个圆，执行菜单"窗口＞路径查找器＞减去顶层"命令，得到如图 7-15 所示的发带效果。调整发带位置，将其移动到之前绘制的顶部头发的上端。

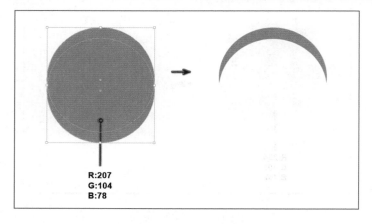

图 7-15　绘制发带

（6）绘制耳朵。激活工具箱中的"椭圆"工具，绘制另一个小椭圆形，并适当向左旋转，将其放在头部的左侧。复制小椭圆形，在得到的小椭圆形上右击，在弹出的快捷菜单中选择"变换>对称"选项，然后将小椭圆形向右移动到合适位置，耳朵效果如图 7-16 所示。

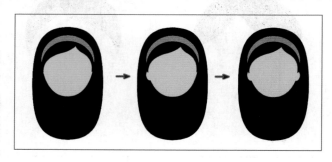

图 7-16　绘制耳朵

（7）绘制眼睛。激活工具箱中的"椭圆"工具，绘制一个椭圆。激活"剪刀"工具，单击椭圆的左、右两侧，删除椭圆的上部，形成一个弧形。然后用同样的方法绘制睫毛。复制弧形，调整笔画粗细及角度，形成第一根睫毛，复制一根睫毛，调整其大小并旋转一定角度后，将其移动到较大弧形的左角，效果如图 7-17 所示，左眼绘制完成。

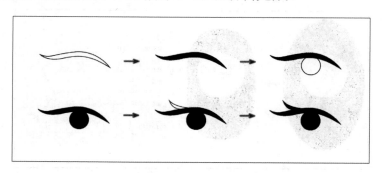

图 7-17　绘制左眼

（8）复制左眼，在左眼上右击，选择"变换>对称"选项，在弹出的快捷菜单中选择"轴垂直"选项，得到右眼。调整左、右眼至合适位置，效果如图 7-18 所示。

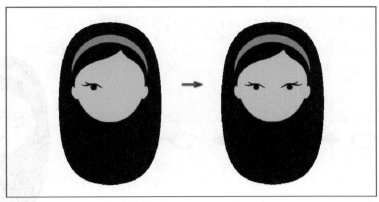

图 7-18　左、右眼绘制效果

（9）绘制嘴唇，绘制步骤如图 7-19 所示。

① 激活"椭圆"工具，绘制一个红色椭圆，通过使用"锚点"工具，单击左、右锚点。激活"直接选择"工具，再次选择这两个锚点，并向上移动它们，形成月牙形状。

② 绘制上唇。激活"椭圆"工具，绘制另一个红色椭圆。激活"直接选择"工具，选择顶部和底部锚点，然后向右移动。

③ 制作此形状的对称副本。右击，在弹出的快捷菜单中选择"变换>对称"选项，在弹出的对话框中，选择"轴垂直"选项、变换角度为 90°，完成复制后将此副本移动到右侧。

（10）将绘制完成的嘴唇放置于脸上的正确位置，效果如图 7-20 所示。

（11）绘制眼镜，绘制步骤如图 7-21 所示。

① 激活"椭圆"工具，绘制一个椭圆，取消填充，选择描边。按图 7-21 中的图形创建形状，激活"直接选择"工具，通过调整锚点的手柄改变曲线形状。激活工具箱中的"直线段"工具，在此形状的左侧添加线段。

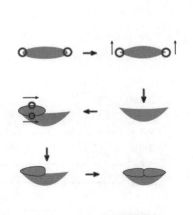

图 7-19　绘制嘴唇

图 7-20　调整嘴唇位置

② 创建眼镜的右侧部分，按绘制眼睛的步骤复制眼镜的左侧部分，然后将此副本移动到右侧。激活"弧形"工具制作眼镜的中间部分，将左、右镜片连接在一起。

（12）将绘制完成的眼镜放置于脸部的正确位置，效果如图 7-22 所示。

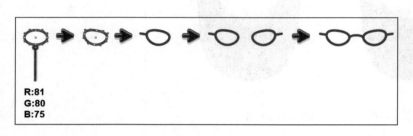

R:81
G:80
B:75

图 7-21　绘制眼镜

图 7-22　调整眼镜位置

（13）从颈部和肩膀开始绘制上半身。激活"矩形"工具，绘制一个矩形，并将其放置于头部下方。然后激活"椭圆"工具，创建一个椭圆，同样将其放到颈部下方，调整位置，效果如图 7-23 所示。

图 7-23　绘制颈部和肩膀

（14）绘制上身的步骤如图 7-24 所示。激活"圆角矩形"工具，创建一个灰色的圆角矩形。执行菜单栏"效果>变形>鱼形"命令，在弹出的对话框中设置如图 7-25 所示的参数，单击"确定"按钮，即可修改形状的底部。

图 7-24　绘制上身

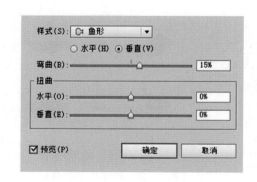

图 7-25　参数设置

（15）绘制手臂。激活工具箱中的"弧形"工具，绘制女人的手臂，通过移动锚点的手柄调整手臂曲线。删除填充颜色，并设置与主体颜色类似的"描边"颜色，效果如图 7-26 所示。

（16）激活工具箱中的"直线段"工具，绘制右臂的下半部分。再激活"弧形"工具绘制左臂。修改此形状，使其比上臂稍细一点。激活工具箱中的"宽度"工具，将鼠标放在手腕上，调整锚点手柄，将该处锚点向内移动，减小宽度，效果如图 7-27 所示。

图 7-26　绘制手臂上部

图 7-27　绘制手臂下部

（17）手的绘制可通过绘制两个椭圆来完成。然后通过调整锚点的手柄进行修改，删除描边颜色并设置填充皮肤的颜色，效果如图 7-28 所示。将绘制完成的手调整角度与位置，效果如图 7-29 所示。

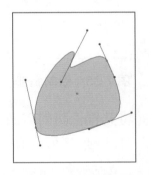

图 7-28　绘制手

图 7-29　调整手的角度与位置

（18）绘制杯子的步骤如图 7-30 所示。

① 激活"矩形"工具，创建一个矩形（颜色设置为 R207、G103、B78）。执行菜单"效果>变形>凸出"命令，输入参数（弯曲：−15%；水平：0%；垂直：−35%），调整杯子的曲线。

② 绘制杯子的把手。激活"椭圆"工具，创建一个椭圆，删除填充颜色并选取与杯子主体相同颜色的描边。

（19）调整杯子的前后位置关系，将杯子放在女人的右手图层之下、身体图层之上，效果如图 7-31 所示。

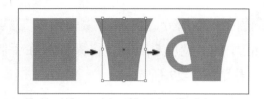

图 7-30　绘制杯子

图 7-31　调整杯子位置

（20）绘制臀部。激活"椭圆"工具并创建一个椭圆形状，如图 7-32 所示，将其放到上半身下方。激活"直接选择"工具，向下移动两侧锚点，臀部绘制完成。

（21）绘制腿部。激活"直线段"工具，绘制两条垂直线。删除填充颜色，并选择与肤色相同的描边颜色。激活"宽度"工具，调整手柄，使腿的上半部分稍粗、脚踝部分稍微细一些，效果如图 7-33 所示。

图 7-32　绘制臀部

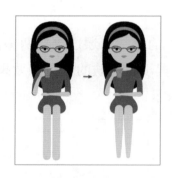

图 7-33　绘制腿部

（22）绘制鞋子。激活"椭圆"工具，绘制一个椭圆，并将其置于腿的后面。激活"直接选择"工具，调整椭圆形的手柄以创建看起来像鞋子的形状，效果如图 7-34 所示。

（23）绘制人物背景。激活"矩形"工具，绘制一个矩形，并填充蓝色（R96、G198、B198），将其置于人物后面作为背景，效果如图 7-35 所示。

图 7-34　绘制鞋子

图 7-35　绘制背景

（24）绘制桌面。激活"圆角矩形"工具，绘制一个白色的圆角矩形，完成桌面的绘制，效果如图 7-36 所示。

（25）绘制桌子腿及其装饰件。激活"矩形"工具，绘制两个矩形作为桌子腿。激活"螺旋线"工具，在桌子腿旁边添加两个螺旋线，完成桌子腿装饰件的绘制，效果如图 7-37 所示。

图 7-36　绘制桌面

图 7-37　绘制桌子腿及其装饰件

（26）绘制椅子靠背，如图 7-38 所示，绘制步骤如下。

① 绘制椅子的座板。激活"圆角矩形"工具，绘制一个圆角矩形。

② 绘制椅子的靠背。激活"椭圆"工具，绘制一个无填充的白色描边椭圆。

③ 调整座板和靠背与人物的前后关系，通过向上移动其底部锚点适当修改形状。

（27）绘制椅子腿及其装饰件，如图 7-39 所示，绘制步骤如下。

① 激活"矩形"工具，绘制一个竖长方形，再激活"圆角矩形"工具，绘制一个水平圆角矩形。

② 绘制椅子的装饰件。激活"螺旋线"工具，绘制一个螺旋线，并垂直复制到另一边，在椅子腿的底部添加两个螺旋线装饰。

图 7-38　绘制椅子靠背

图 7-39　绘制椅子腿及其装饰件

（28）绘制图标。

① 激活"矩形"工具，绘制矩形并填充白色，再复制两个矩形，再调整其大小和位置，

效果如图 7-40 所示。

② 激活"椭圆"工具，设置填充颜色为无，"描边颜色"为白色，"描边"大小为 1，按住 Shift 键绘制两个圆，如图 7-41 所示。激活"矩形"工具，绘制矩形选框，单击 Delete 键删除多余部分，效果如图 7-42 所示。

图 7-40　绘制三根线条　　　　　图 7-41　绘制两个圆　　　图 7-42　删除圆的一部分

（29）丰富界面背景。激活"钢笔"工具，绘制不同形状并填充颜色，使背景颜色更丰富，效果如图 7-43 所示。

（30）绘制进度条。激活"圆角矩形"工具，绘制两个矩形作为进度条。激活"椭圆"工具，按住 Shift 键绘制两个圆，效果如图 7-44 所示。

（31）至此，App 界面设计与制作完成。

图 7-43　丰富界面背景　　　　　　　　　图 7-44　绘制进度条

7.3　游戏界面设计与制作

本案例以 iPad 3 和 iPad 4 的显示尺寸（2048px×1536px）为例，利用 AI 来制作一个 iPad 端的游戏界面，如图 7-45 所示，具体制作步骤如下。

图 7-45　游戏界面

（1）打开 AI 软件，执行"文件>新建"命令，在弹出的"新建"对话框中设置画布大小为 2048px×1536px，新建空白图像文档。

（2）激活工具箱中的"圆角矩形"工具，如图 7-46 所示，制作一个圆角矩形（填充颜色为 R213、G114、B75）。选择"删除锚点工具"，删除其中一个锚点后，激活"直接选择工具"，拖动鼠标至中间，再次激活工具箱中的"锚点"工具，按住鼠标左键向上拖出贝塞尔曲线，并调整好弧度。

121

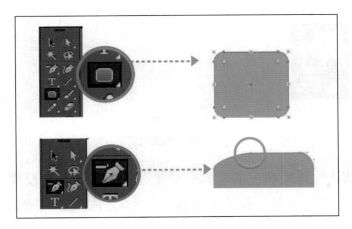

图 7-46　调整圆角

（3）激活"删除锚点"工具，删除右顶点的锚点（不能直接按 Delete 键，否则会变成非闭合路径）。激活"直接选择工具"，拖动两边锚点创建如图 7-47 所示的形状。

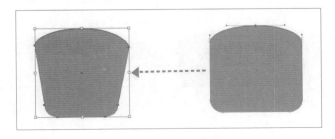

图 7-47　调整图形

（4）激活"椭圆"工具，绘制自定义大小的花盆口，用作花盆口的外圈然后将其放置于花盆上方，其大小及位置如图 7-48 所示，其中"填充"颜色选择为土壤色（R119、G97、B39），"描边"颜色为黄亮色（R231、G208、B141）。

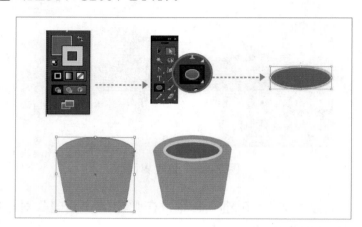

图 7-48　绘制花盆口

（5）利用 AI 自带的"描边款式"功能为花盆增加装饰细节，如图 7-49 所示。激活"选择"工具，选中刚刚制作完成的花盆雏形轮廓，按住 Alt 键，同时按住鼠标左键，向右拖移复制 1 个花盆，切换"填充"为描边，此时需要确保填充为关闭状态。

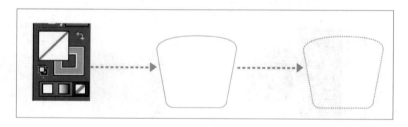

图 7-49　增加装饰

（6）自带的虚线默认设置是黑色的，如果想要进行变化需重新设置。首先双击"虚线"选项，出现"属性"面板，在"属性"面板中找到"着色>方法>色调"选项，单击"确定"按钮，即可自定义虚线颜色。

（7）绘制下半圆装饰虚线。采用同样的方法复制一个花盆口，关闭填充，更换"描边"为虚线。通过选中椭圆上方节点，按 Delete 键删除该节点，即可得到下半圆弧形，效果如图 7-50 所示。

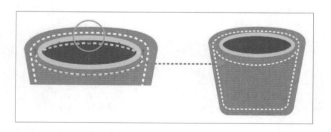

图 7-50　绘制下半圆装饰虚线

（8）绘制花盆暗部。激活"椭圆"工具，按住 Shift 键，绘制一个圆形。同时选中花盆和圆，执行菜单"窗口">"路经查找器">"分割"命令，将多余的部分删除并填充暗部颜色（R191、G98、B93），效果如图 7-51 所示。

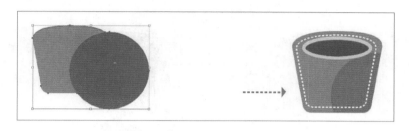

图 7-51　绘制花盆暗部

（9）绘制仙人掌和小花。激活"钢笔"工具，勾勒出如图 7-52 所示的图形。外形的绘制无需太规则，但线条要自然流畅。绘制仙人掌暗面（颜色为 R130、G181、B114）时也采用复制的方法，可以保证和原本亮面（颜色为 R169、G207、B156）完美重合。仙人掌花同样采用"钢笔"工具进行绘制（颜色为 R156、G94、B97）。

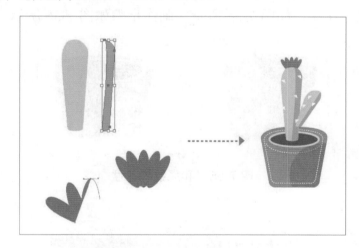

图 7-52　绘制仙人掌和小花

（10）绘制俄罗斯风格花盆，如图 7-53 所示。复制之前制作的红色花盆，根据设计需要，更改为客户喜欢的配色。

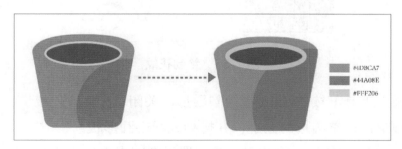

图 7-53　绘制俄罗斯风格花盆

（11）绘制仙人球和小花。激活"钢笔"工具，在花盆正面部位绘制出水波纹般的弧度，

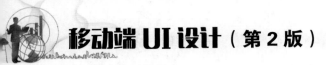

"描边"切换为虚线。仙人球部分可以通过激活"椭圆"工具绘制椭圆后再选择锚点进行变形，注意形状要自然（亮面颜色为 R50、G182、B143，暗面颜色为 R39、G145、B107）。仙人球花的绘制可参考步骤（9），将颜色更改为 R200、G136、B186，效果如图 7-54 所示。

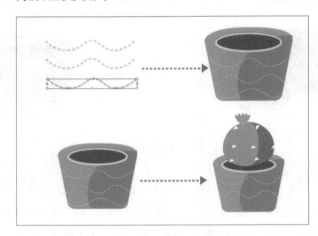

图 7-54　绘制仙人球和小花

（12）制作和风纹样花盆，如图 7-55 所示，制作步骤如图 7-56 所示。

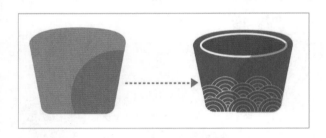

图 7-55　和风纹样花盆

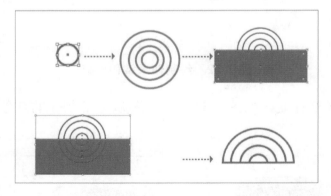

图 7-56　绘制花纹

① 激活"椭圆"工具，按住 Shift 键绘制圆形，关闭填充。

② 复制几个圆形，调整圆形的大小，并排列成同心圆形状。

③ 激活"矩形工具"，绘制一个矩形，顶部置于圆圈中心处，并遮挡圆圈上层。然后，执行菜单"窗口>路径查找器>分割"命令，删除下半部分。一个花纹的单元制作完成（填充颜色为 R30、G139、B133）。

（13）设置"描边"颜色为纯白色，填充的蓝色与花盆本身颜色一致（颜色为R19、G113、B160），效果如图7-57所示。

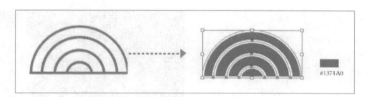

图 7-57　填充颜色

（14）复制单个花纹并层层叠加。为了将多余花纹去掉，并绕排在花盆周边，同样执行菜单"路径查找器>分割"命令来实现，效果如图7-58所示。

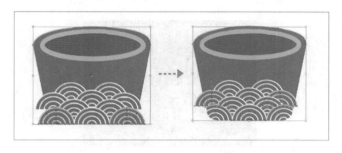

图 7-58　复制、排列花纹

（15）激活"钢笔"工具，绘制单个仙人掌造型，然后复制5个，更改形状后错落地拼在一起（亮面颜色为R40、G172、B71，暗面颜色为R36、G141、B57），效果如图7-59所示。

（16）3盆不同的仙人掌就制作完成了。激活"椭圆工具"，绘制阴影（颜色为R160、G89、B35），将阴影置于花盆的下一图层，效果如图7-60所示。

图 7-59　仙人掌造型

图 7-60　添加阴影

（17）为了突出效果，可以采用相同的素材，通过改变背景的方式变换不同的插画效果，如图 7-61 所示。

126

图 7-61　不同背景的效果

7.4　音乐播放器 App 界面设计与制作

音乐播放器 App 界面设计效果如图 7-62 所示，具体制作步骤如下。

图 7-62　音乐播放器 App 界面设计效果

1. 图标制作步骤解析

（1）执行"文件>新建"命令，在弹出的"新建"对话框中设置如图 7-63 所示的参数，单击"确定"按钮新建文档。

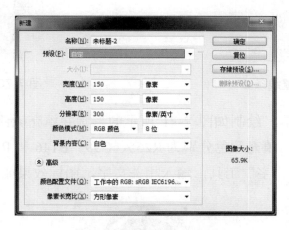

图 7-63　"新建"对话框

（2）双击背景图层，弹出如图 7-64 所示的"新建图层"对话框，单击"确定"按钮。双击前景色，设置如图 7-65 所示的参数，按 Alt+Delete 组合键填充前景色，效果如图 7-66 所示。

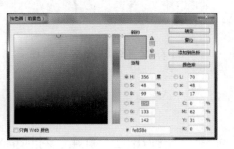

图 7-64　"新建图层"对话框　　　　图 7-65　调整颜色　　　　图 7-66　填充前景色

（3）激活"钢笔"工具，绘制图 7-67 所示的线条，再激活"路径选择"工具，调整节点使形状线条自然流畅，效果如图 7-68 所示。

（4）按 Ctrl+J 组合键复制上一步绘制的线条，并调整为如图 7-69 所示的效果，将"形状 1"填充为白色，"形状 2"的填充颜色为 R225、G235、B172，效果如图 7-70 所示。

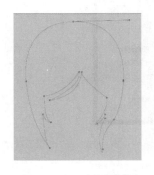
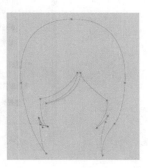

图 7-67　绘制线条　　　　　　　　　图 7-68　调整线条 1

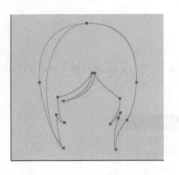

图 7-69　调整线条 2

图 7-70　填充颜色

（5）激活"钢笔"工具，绘制如图 7-71 所示的形状并填充颜色为 R255、G102、B151，按照相同的方法继续绘制，填充颜色分别为 R255、G99、B146 和 R247、G51、B117，效果如图 7-72 所示。激活"横排文字"工具，输入相关文字，图标效果如图 7-73 所示。

图 7-71　绘制形状并填色 1

图 7-72　绘制形状并填色 2

图 7-73　图标效果

2. 界面制作步骤解析

（1）执行"文件>新建"命令，在弹出的"新建"对话框中设置如图 7-74 所示的参数，单击"确定"按钮新建文档。

图 7-74　"新建"对话框

（2）激活"矩形"工具，在其属性栏中设置矩形宽为 800 像素、高为 1000 像素，填充颜

色为 R254、G133、B142，效果如图 7-75 所示。

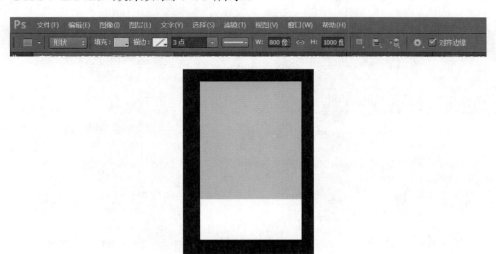

图 7-75　填充颜色后的矩形

（3）激活"钢笔"工具，绘制如图 7-76 所示的形状。激活"直接选择"工具，调整形状使线条自然流畅，填充的颜色为 R252、G91、B125，效果如图 7-77 所示。

图 7-76　绘制形状

图 7-77　调整形状并填充颜色

（4）按照相同的方法继续绘制如图 7-78 所示的形状，填充的颜色为 R253、G158、B166，效果如图 7-79 所示。

图 7-78　绘制形状

图 7-79　填充颜色

（5）使用"钢笔"工具绘制如图 7-80 所示的形状，填充颜色为 R254、G133、B142，效果如图 7-81 所示。

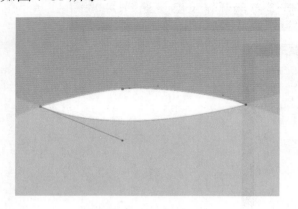 

图 7-80　绘制形状　　　　　　　　　　　图 7-81　填充颜色

（6）执行"文件>打开"命令，打开之前制作的音乐播放器的图标，在此基础上绘制脸部轮廓。激活"钢笔"工具，绘制如图 7-82 所示的形状，填充颜色为 R253、G158、B166，效果如图 7-83 所示。

图 7-82　绘制脸部轮廓　　　　　　　　　图 7-83　填充颜色

（7）按照相同的方法绘制脸部阴影。绘制如图 7-84 和图 7-85 所示的形状，填充的颜色分别为 R253、G158、B166 和 R253、G158、B166，效果如图 7-86 所示。

图 7-84　绘制阴影 1　　　　图 7-85　绘制阴影 2　　　　图 7-86　填充颜色

（8）激活"钢笔"工具，绘制如图 7-87 所示的眉毛，并填充如图 7-88 所示的颜色。按 Ctrl+J 组合键复制形状，然后按 Ctrl+T 组合键调整其大小和位置，效果如图 7-89 所示。

图 7-87　绘制眉毛　　　　　　　图 7-88　设置颜色　　　　　　图 7-89　填充颜色并调整

大小和位置

（9）按照相同的方法绘制眼睛和嘴部，填充颜色如图 7-90 和图 7-91 所示，脸部效果如图 7-92 所示。

图 7-90　设置眼睛的颜色　　　　　　　　　　图 7-91　设置嘴部的颜色

图 7-92　脸部效果

（10）继续激活"钢笔"工具，绘制身体与阴影部分，填充如图 7-93 和图 7-94 所示的颜色，身体绘制效果如图 7-95 所示。

131

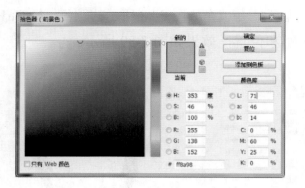

图 7-93　设置身体颜色

图 7-94　设置阴影颜色

图 7-95　身体绘制效果

（11）按照相同的方法绘制头发和手臂，分别填充如图 7-96 和图 7-97 所示的颜色，女孩形象如图 7-98 所示。

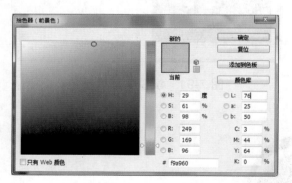

图 7-96　设置头发颜色

图 7-97　设置手臂颜色

图 7-98　女孩形象

（12）绘制书本。激活"矩形选框"工具，绘制如图 7-99 所示的矩形，设置填充颜色为 R65、G84、B90，效果如图 7-100 所示。

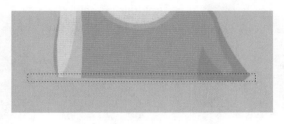

图 7-99　绘制矩形

图 7-100　填充颜色

（13）激活"钢笔"工具，绘制如图 7-101 所示的形状，填充颜色为 R245、G242、B233，按 Ctrl+J 组合键复制形状，再按 Ctrl+T 组合键调整其大小和位置，填充颜色为 R239、G233、B219，效果如图 7-102 所示。

（14）按照相同的方法绘制如图 7-103 所示的形状，表现纸张翻动的效果，填充颜色为 R240、G236、B225，书本效果如图 7-104 所示。

图 7-101　绘制书页形状

图 7-102　填充颜色

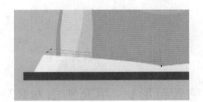

图 7-103　绘制表现纸张翻动的形状

图 7-104　填充颜色

（15）绘制杯子。激活"圆角矩形"工具，在属性栏中将圆角半径修改为 20 像素，绘制如图 7-105 所示的形状，并填充白色，按 Ctrl+J 组合键复制形状，然后按 Ctrl+T 组合键调整其大小和位置，并填充颜色（R226、G233、B226），效果如图 7-106 所示。

图 7-105　绘制杯子的形状

图 7-106　填充颜色

（16）绘制杯把。激活"钢笔"工具，绘制如图 7-107 所示的形状，填充白色，效果如图 7-108 所示。

图 7-107　绘制杯把

图 7-108　填充颜色

（17）按照相同的方法绘制如图 7-109 所示的蒸汽形状，填充白色，按 Ctrl+J 组合键复制形状，再按 Ctrl+T 组合键调整其大小和位置，效果如图 7-110 所示。

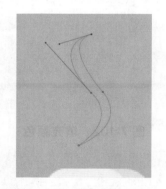

图 7-109　绘制蒸汽形状

图 7-110　填充白色

（18）激活"自定义形状"工具，绘制如图 7-111 所示的音符形状，填充颜色为 R252、G160、B161，杯子效果如图 7-112 所示。

图 7-111　绘制音符形状

图 7-112　杯子效果

（19）绘制猫。激活"钢笔"工具，绘制如图 7-113 所示的形状，填充颜色为 R51、G51、B51，效果如图 7-114 所示。

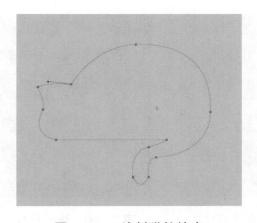

图 7-113　绘制猫的轮廓　　　　　　图 7-114　为猫的区域填充颜色

（20）按照相同方法绘制猫的阴影、耳朵和眼睛部分，填充的颜色分别为 R119、G103、B113 和 R226、G118、B201，猫的形象如图 7-115 所示。

图 7-115　猫的形象

（21）绘制界面的图标部分。激活"矩形选框"工具，绘制如图 7-116 所示的矩形，填充白色，按 Ctrl+J 组合键两次，复制两个矩形，按 Ctrl+T 组合键调整其大小和位置，效果如图 7-117 所示。

图 7-116　绘制矩形　　　　　　　　图 7-117　三个矩形

（22）激活"椭圆"工具，设置填充颜色为无，描边颜色为白色，描边大小为 1，按住 Shift 键绘制两个大小如图 7-118 所示的圆，激活"矩形选框"工具，绘制如图 7-119 所示的矩形选区，按 Delete 键删除局部，效果如图 7-120 所示。

135

图 7-118　绘制圆形　　　　图 7-119　绘制矩形选区　　　　图 7-120　删除局部

（23）激活"圆角矩形"工具，绘制进度条，在其属性栏中设置如图 7-121 所示的参数，填充颜色为 R225、G228、B233，效果如图 7-122 所示。按 Ctrl+J 组合键复制形状，再按 Ctrl+T 组合键调整其大小和位置；激活"椭圆"工具，按住 Shift 键绘制圆，填充颜色为 R225、G104、B113，最终效果如图 7-123 所示。

图 7-121　设置属性栏中的参数

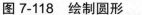

图 7-122　绘制进度条　　　　　　　图 7-123　进度条最终效果

（24）按照相同的方法绘制音量条，效果如图 7-124 所示。

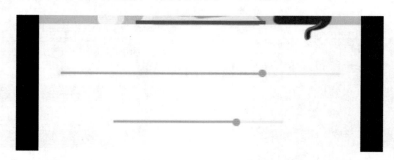

图 7-124　音量条效果

（25）按照同样的方法绘制其他音乐符号图形。激活"文字"工具，输入相关文字，音乐播放器 App 界面设计的最终效果如图 7-62 所示。

7.5 新生报到小程序

新生报到小程序的整个设计过程不局限于 UI 界面设计阶段，而是包括研究、建模、需求定义、设计框架、设计细化、设计修正这 6 大阶段。

研究阶段是设计的初期，也是后期阶段的基础，主要包括对整个项目的定义、制定研究日程、市场调查、用户调查等，多以表格、图片和 PPT 形式呈现研究成果。在这次设计中通过调查将校园服务类行业平台的主要方向定位为"官方资讯、办公学习、工作资讯、生活服务、校园社交、迎新服务"6 个方向，具体内容如图 7-125 所示。同时，还进行了竞品分析，分析"暨大迎新"和"贝壳 er 起航"的目标市场、产品需求、体验测试、差异化价值点（如图 7-126 所示，详情见 PPT 的第 6 页～第 8 页）。

浏览新生报到
小程序 PPT
请扫描二维码

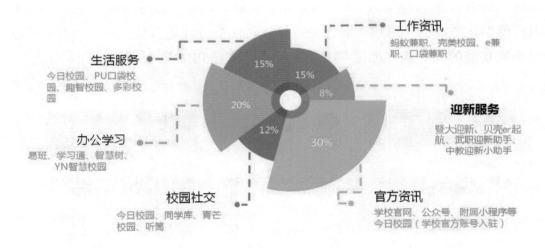

图 7-125　校园服务类平台分析统计表

用户调查是研究阶段的主要内容，在实际工作中主要采用定性和定量的研究方法来获取一些有关 App 的真正用户和潜在用户的行为、态度的原始数据。此次设计的用户调查主要采用线上问卷和线下访谈相结合的方式。问卷调查选取应届生、往届生及学生家长为调查对象，问卷内容为被调查人的基本信息和新生报到中存在的问题调查。深度的用户访谈主要是对在校生进行，其中包括曾参与过新生入学的迎新工作的学生会成员。具体的问卷统计及访谈结果，可以参见 PPT 的第 9 页～第 13 页。

暨大迎新　　**VS**　　 贝壳er起航

产品介绍	以报到流程为主线的迎新工作平台	新生入学前的准备攻略
目标市场	互联网时代下的本校新生和迎新工作者	互联网时代下的本校新生
产品需求	配合现场报到工作的线上报到流程跟踪	动态发布下的各类校园资讯
产品测试	产品互动性强，但是功能只围绕报到流程一条线，无法越级查看下一项内容	产品简洁规范，但是以纯文字为主，信息可视化很不充分
差异化价值点	真正地让学生报到工作贯穿于整个界面流程，精确享受一对一的迎新服务	突出用户分享、展示本校的个性化信息

图 7-126　竞品分析

在用户调查的基础上，进行了人物建模。在实际的设计中，不可能全部研究每位目标用户的特征和行为模式，由此，需要综合归纳这类群体的整体性、典型性、代表性及与项目相关的属性，这也就形成了用户模型。用户模型是一个承上启下的设计阶段，首先通过上一阶段的观察研究和调查分析，从中找寻目标用户的基本属性与典型特征，以及与项目相关的行为模式（在建模时将其进行综合并融入模型）；其次为后期的设计、测试、发布等环节提供参考样本和交流工具。用户模型让空洞的"用户"概念变得具体，使得设计更有代入感，并且能基于用户的需要来确定不同功能的优先级（如图 7-127 所示，详情见 PPT 第 15 页、第 16 页）。

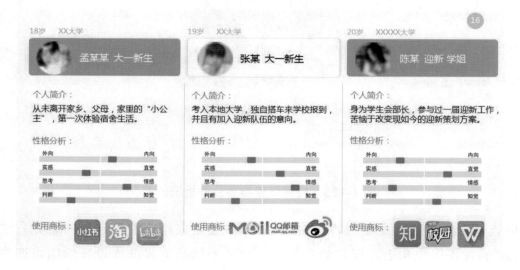

图 7-127　用户模型（人物角色）

需求定义阶段，通常包括情景、场景描述和任务分析两部分，这次的设计要分析新生报到流程、使用场景和常见问题（详情见 PPT 第 17 页、第 18 页）。设计框架阶段是在前期描述用户、需求、任务的基础之上，按照交互原则确立功能结构，是将设计概念转化为可见的设计框架，并且为后续设计提供逻辑上的和总体的结构参考。（功能框架如图 7-128 所示）。

138

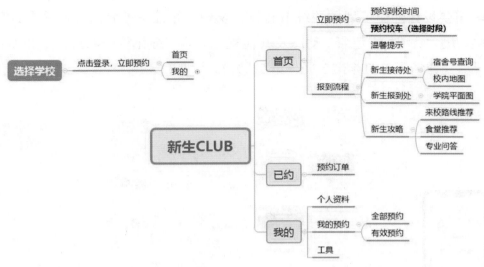

图 7-128　功能框架

在前面交互设计工作完成后，设计进入 UI 视觉设计部分，开始创建视觉交互框架。视觉交互框架通常使用低保真原型进行展示和交流。在低保真原型中，需要包括页面版式、功能状态、内容跳转的设计展示（手绘或软件绘制均可），如图 7-129 所示。

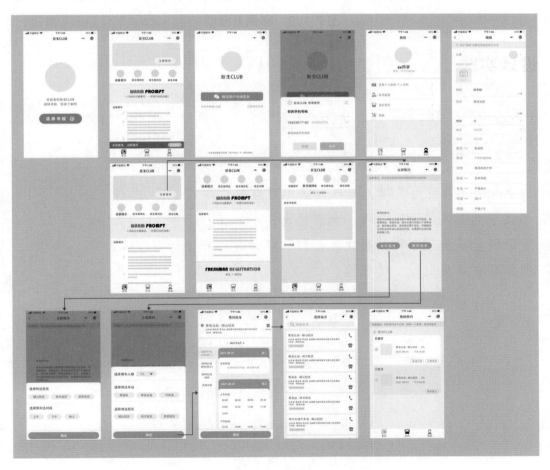

图 7-129　低保真模型

细化阶段需要设计师更多地关注细节和设计实现，并且完善界面视觉效果。例如，界面各个部分的比例、尺寸、图标、色彩、动态及其他视觉元素。细化阶段的最终成果是高保真原型，如图7-130所示（详情见PPT第22页～第26页）。

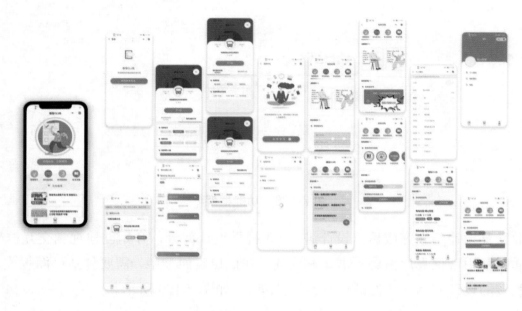

图 7-130　高保真模型

设计实践

以环保、共享、节约为基点，寻找大学校园资源共享与合理利用的创新点，设计一款移动端小程序。

要求：

① 以 Android 系统为基础，屏幕分辨率可自拟；

② 小程序界面风格设定合理，色彩协调；

③ 页面数量不少于7页，版式、图标、组件及内容设计合理；

④ 整体具有可实现性，美观性。